郡 和範 著
Kazunori Kohri

「ニュートリノと重力波」のことが一冊でまるごとわかる

ベレ出版

● はじめに ●

宇宙を理解する2つのキーワード
── ニュートリノと重力波 ──

　新聞やテレビやネットのニュースを見ていて、「ニュートリノ」や「重力波」という言葉を見聞きする機会が増えたように感じる方も多いのではないでしょうか。それもそのはず、ニュートリノと重力波に関する最新の実験結果が続々と報告されているのです。

　2020年4月には、つくばにある「高エネルギー加速器研究機構」（KEK）によって、ニュートリノとその反粒子についての性質の違いの兆候が初めて報告されました。また、2020年9月にはアメリカのLIGO実験グループが太陽の85倍と65倍の巨大な双子（連星）のブラックホールが衝突してつくられた重力波を検出した、と報告しました。

　ノーベル物理学賞も、2015年にニュートリノ振動の発見によって東京大学の梶田隆章さんが受賞し、さらに2017年には2015年のブラックホール連星からの重力波の初検出によってLIGO実験グループの3人が受賞しています。我々専門家はもちろん、一般の人々にとっても、宇宙の根源的な謎の解明のために、この2つのキーワードを理解することが必須となってきたように思います。

　それら2つを簡単に説明すると、次のようになります。ニュートリノとは、電子の親戚のような粒子です。電荷がないので、電子のような家電製品との関係は残念ながらありません。ニュートリノと、見えない物質（ダークマター、つまり暗黒物質）や見えないエネルギー（ダークエネルギー、つまり暗黒エネルギー）との関係が議論され続けています。重力波は、我々が住む4次元時空の歪みが伝わる時の波です。時空をゆるがすような重い星の爆発、あるいは宇宙誕生の時などにつくられ、いまもこの宇宙をその重力波が漂っています。また、

重力波の研究はブラックホールの研究とも深く関係しています。

　ニュートリノと重力波は、目で見ることも、手で触れることもできません。ほぼすべてのものを通り抜けるからです。そのため、これらを捕まえるためには、目で見える光（可視光）などで観測するこれまでの天文学とは、まったく別の方法が必要になります。逆に、そのせいで、可視光などでは見えない宇宙の違った姿を見せてくれるのです。驚くことに、太陽の中心、恒星が爆発する瞬間、宇宙誕生時のビッグバンでつくられる火の玉の中などの極めて貴重な情報を伝えてくれます。

　私は宇宙誕生の秘密の解明のため、理論物理学の研究に取り組んでいます。そのためには、数学、物理学、天文学などの知識を総動員して研究する必要があります。その時、同時にニュートリノと重力波の謎も解明する必要があるのです。本書では、ニュートリノと重力波の解説を通して、宇宙誕生の謎の解明の現状に迫っていきます。

　本書のスタイルとして、現在わかっていることと、わかって"いない"ことを区別して書くことに注意しています。この境界をはっきり解説できることこそ、我々がプロの研究者たる所以なのです。本書により、これまでに何がわかり、今後、何を解明すべきなのかについて伝えることができれば幸いです。

　本書の最後に、ニュートリノと重力波の研究が、私たちの起源、つまり私たちの身体をつくる物質が、この宇宙のどこで、いつ生まれたのかという謎を解く可能性があるという話をします。その謎の解明は、実はすぐそこに迫っているのかもしれませんよ。

2021年1月　郡 和範

CONTENTS

第3章 幽霊粒子「ニュートリノ」の正体

第4章 ニュートリノ天文学で、宇宙の「ダーク世界」を読み解く

第5章 なぜ、「ニュートリノ振動」が画期的なのか?

第**6**章 ニュートリノが「新しい素粒子物理学」を拓く

第**7**章 重力波をどのようにして
捉えるのか?

第**8**章 重力波、
ついに直接観測で発見!

第9章　見えなかった宇宙をこじあける「重力波天文学」

第1章

人はどのようにして 宇宙を見ているのか？

「波長の違いで見え方が違う」って？

―― 宇宙を見る目

● 肉眼から望遠鏡へ

　私たち人類は、太古の昔より夜空を眺め、天の川の美しさ、宇宙の果てや成り立ちについて思いを馳せてきました。それは、昔もいまも変わらないことでしょう。

　しかし、「見る方法」という意味では、大きく変わってきています。その最初は、ガリレオ（1564 〜 1642）が 1609 年に望遠鏡を使って月面を観察し、さらに 1610 年には木星に衛星を発見したことです。それまでは「肉眼」で宇宙を眺めていた時代だったのが、ガリレオ以降は望遠鏡を使い、より詳細に遠い宇宙の姿を捉えられるようになりました。

　ただ、可視光線（可視光）での観察は、大気のゆらぎの影響を受けます。ハワイにあるすばる望遠鏡はその大気のゆらぎを補正しながら観測していますが、高い技術が要求されます。そこでハッブル宇宙望遠鏡のように宇宙空間に出ることで、地上では得られない高い解像度の画像の撮影に可視光で成功したのです。

● さまざまな「目」で宇宙を見る

　このように望遠鏡の登場により、肉眼では見ることのできなかった

宇宙の姿を捉えることができるようになりました。たとえば、次の画像は可視光で見た「はくちょう座」です。

　しかし、可視光だけですべての情報を捉えることはできません。暗い宇宙の中で、分子などの分布を可視光ではなかなか見分けることはできません。では、可視光を通してしか見ることのできない私たちには、それらの状況を捉える方法はないのでしょうか。

図 1-1-1　可視光で見た「はくちょう座」　出典：NASA/CXC/SAO

　私たち人間は可視光の範囲ですべてが見えているように考えがちですが、いま述べたように、可視光だけでは捉えられないものがあります。
　というのは、**可視光は電磁波のほんの狭い領域でしかない**からです。可視光は「電磁波」の1つで、電磁波には可視光以外にも、波長の短いほうから、「ガンマ線（γ線）」「X線」「紫外線」、そして「可視光」、

さらには可視光よりも波長の長い「赤外線」「電波（マイクロ波・ラジオ波など）」のように、波長によってさまざまな呼ばれ方をする電磁波があります。そして、それら電磁波から得られる情報はそれぞれ異なるのです。

　ガリレオ以降、肉眼による目視から望遠鏡に観測手段が変わったように、現在の天文学では可視光線から他の電磁波も利用する時代が訪れています。たとえば、その波長から、電波天文学、サブミリ波天文学、赤外線天文学、紫外線天文学、X 線天文学、ガンマ線天文学、そして従来の可視光による天文学などに分けられています。

　これらをうまく使い分けることで、私たちは宇宙のさまざまな様子、時々刻々と変わりつつある姿を捉える術を手に入れたのです。

図 1-1-2 ● 波長ごとに見た電磁波

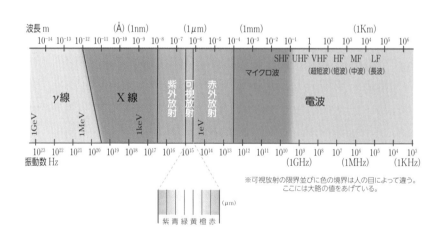

宇宙を見る目

何を使えば、何が見えるのか？

—— 電磁波の分類はエネルギーがポイント

　不思議なことですが、同じ銀河、同じ星雲、同じ恒星を見ていても、可視光で見るのか、ガンマ線、X線、赤外線などの別の電磁波で見るのかによって、見え方が違い、電磁波ごとに「異なる面からの特徴」を捉えてくれます。

　次の画像は「かに星雲」を波長の長い順に、❶電波（ラジオ波）、❷赤外線、❸可視光線、❹紫外線、❺X線、❻ガンマ線で見たものです。では、それぞれの電磁波の特徴と何が見えるのかを見ていきましょう。

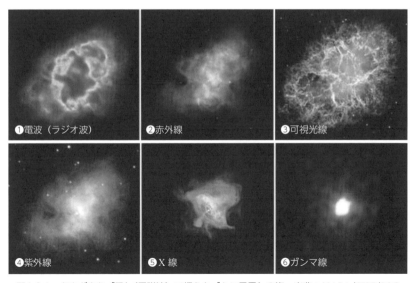

図1-2-1　さまざまな「目」（電磁波）で捉えた「かに星雲」の姿　出典：NASA/CXC/SAO

①電波（電磁波の１つ）での観測

　まず最初に、電磁波のなかで最も波長の長い電波（ラジオ波）を使っ
て宇宙を観測することができることを紹介しましょう。

　電波は、主に高エネルギーの電子によるシンクロトロン放射などに
より放出されます。波長が長ければ長いほど、エネルギーの低い電子
に焦点をあててモノを見ることに相当します。

　電波望遠鏡で明るく映し出される場所の例として、銀河同士が衝突
している最中の、星の材料となる大量のガスが多く分布しているよう
な星形成領域（星が形成されつつある領域）などがあります。衝突に
より電子が加速され、磁場の下で電波を発します。このため、**電波観
測は、今後生まれてくる銀河（原始銀河）の発見などに力を発揮**しま
す。図１−２−２は銀河系中心を電波（ラジオ波）で見た画像です。

　電波は波長が長く、地球の大気に吸収されないため、地上からの観
測も可能です。

図1-2-2　電波（ラジオ波）で見た銀河中心　出典：NASA/CXC/SAO

②赤外線での観測

　次に赤外線での観測です。赤外線は電波よりもエネルギーが高く、
可視光よりも少しエネルギーの低い宇宙領域を見ることができます。
また、**赤外線は比較的小さな塵を透過する性質がある**ため(＊)、可視
光ではその小さな塵による吸収により、その背後にあって見えない銀

河や恒星などでも、赤外線なら明るく映し出せます。

　一方、赤外線を吸収・放出する比較的大きな塵も存在するため、可視光と赤外線を比較することで、**「どこに、どのような塵が多く分布しているか」も推測することができる**のです。図1－2－3は、赤外線で見た「はくちょう座」の様子です。塵がどのように分布しているのか、という情報を得ることができます。

図1-2-3　赤外線で見た「はくちょう座」　出典：NASA/CXC/SAO

③可視光での観測

　可視光線での観測は、人類の宇宙観測の歴史の中で最も古く、そしていちばん長い歴史をもった観測方法です。ひと言でいえば、「目で見る観測」です。大昔のように裸眼そのもので見ることもありますが、望遠鏡の発明でさらに遠くを見ることができるようになりました。

（＊）赤外線は塵を透過する性質
透過するか、衝突・散乱するかは、簡単にいうと波長と粒子との大きさによる。1章4節を参照。

　ハワイ・マウナケア火山の頂上にある「すばる望遠鏡」は日本の自然科学研究機構国立天文台ハワイ観測所が運営する、口径8.2mの光学赤外線望遠鏡です。

④紫外線での観測

　「紫外線での観測」は、可視光線よりも高温の部分がより明るく見えます。明るい部分は温度の高い部分、つまり重い恒星が誕生しつつあると考えられる部分です。

⑤Ｘ線での観測

　Ｘ線での観測は、温度に換算すると数百万度（Ｋ：絶対温度）から数億度（Ｋ）という超高温の熱化した電子から放射される、非常に高いエネルギーをもつ天体を見ることを意味します。またもっと高いエネルギーの電子からのシンクロトロン放射により光ります。そのため、Ｘ線観測では、超新星の残骸、パルサー風星雲、中性子星、ブラックホール降着円盤などを特定することができる特徴があります。Ｘ線は地球の大気に阻まれる（吸収される）ため、観測はすべて宇宙に出ての衛星観測になります。

　図1ー2ー4は銀河系の中心部をＸ線で見たものです。また、2つの銀河団の衝突（Abell2146）をＸ線で見たのが図1ー2ー5、それを可視光で見たのが図1ー2ー6です。

図1-2-4　波長の短いＸ線で見た銀河中心　出典：NASA/CXC/SAO

図1-2-5　X線による2つの銀河団の衝突と合併（Abell2146）出典：NASA/CXC/SAO

図1-2-6　同じAbell2146を可視光で見たもの　出典：NASA/CXC/SAO

⑥ガンマ線による観測

　最後に、電磁波の中で波長がいちばん短い**ガンマ線**（γ線）は、X線よりもさらにエネルギーが高いものです。ガンマ線観測によって超新星残骸、パルサー風星雲、中性子星、ブラックホール降着円盤、活動銀河核、ガンマ線バーストなどを捉えることができます。**ガンマ線での観測は、温度にして数億度（K）以上に対応します。**よりエネルギーの高い電子や宇宙線からの放射と考えられています。

1-3

電磁波の壁を破る ニュートリノ、重力波とは？

―― ニュートリノ天文学、重力波天文学

　さて、前節で見たように、同じ宇宙を観測していても、利用する電磁波の種類によって見えるものが違ってきます。しかし、共通しているのは、いずれも「過去の宇宙」を見ているという点です。

　光は秒速で30万kmを走り、この宇宙の中で他のどんなモノよりも高速で走ります。といっても、いくら速くても「有限の速度」に違いありませんから、太陽表面から出た光でさえ、地球に届くのに約8分かかります。

　　・太陽から地球までの距離＝約1億5000万km

　　・光の速度（1秒間）＝約30万km

　　　1億5000万km÷30万km＝500秒≒8分20秒

　つまり、我々が太陽の光を見るとき、それは「8分前の過去の太陽の光」を見ているのです。決して、いまこの瞬間の太陽の光ではありません。

　同様に、アンドロメダ銀河までは地球から250万光年もありますので、いま私たちが見ているアンドロメダ銀河の光は、なんと250万年も前のものなのです。人類がアフリカで誕生した頃に出た光がやっと届いているのです。その意味では、

　　遠くを見ることは「過去の宇宙の姿」を見ること

につながります。

　では、宇宙が生まれた最初の頃（138億年前）の様子も見ることができるかというと、残念ながらできません。なぜなら、後でも述べるように、電磁波を使っている限り、宇宙が誕生して38万年過ぎた後しか、見ることができないからです。それは火の玉の姿であった初期の宇宙を電磁波では見られないという、ある種の電磁波の限界によるものです。

　けれども、その電磁波の壁を越える可能性をもったものがあります。それこそ、本書で扱う「ニュートリノ」と「重力波」なのです。

　本書では、ニュートリノの素粒子としての特徴（ニュートリノ振動、質量をもつことなど）、さらには2015年に初めて捉えた重力波などの解説も行ないます。それだけでなく、それらが拓く「ニュートリノ天文学」や「重力波天文学」といった可能性にも、最新データをもとに触れていくつもりです。

1-4 「見える」「見えない」の違いはどこにある？

—— 電磁波の相互作用

● 衝突・散乱するかどうか—① 「大きさ」が関係する

　可視光線、X線、赤外線などで天体を見た場合、見え方が違うことがわかりました。そもそも、私たちも「見える」「見えない」という言葉を使いますが、「見える」とはどういう意味でしょうか。

　人間の場合なら可視光で見ていますので、「見える」とは「光（可視光）が届く」ことを意味しています。逆に、「見えない」とは「光が届かない」ことをいいます。

　光が届かないというのは、光が何かに衝突して散乱してしまい、向きが変わったときなどのことで、そうなると光は人間には見えなくなります。

　たとえば、光は陽子のような粒子、あるいは水素イオンのようなものに衝突すると散乱し、その方向が変わって見えなくなります。光はどんなものとも衝突するというわけではなく、散乱するかどうかには目安があります。

　簡単にいうと、光の波長の大きさと同程度か、あるいは光の波長のほうが短いとき（モノのほうが大きいとき）に散乱します。これは電波、X線などでも同じです。

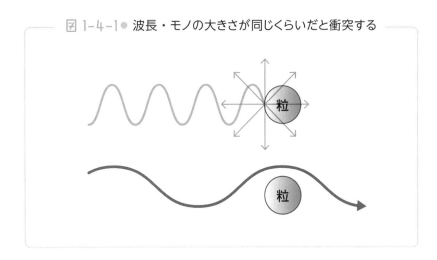

図 1-4-1● 波長・モノの大きさが同じくらいだと衝突する

　図1-4-1のように、光の波長のほうが粒子の大きさよりも大きい
と、粒子をよけていくために衝突しにくくなります。逆に、光の波長
のほうが短いと、粒子と衝突しやすいということです。電磁波の種類
には波長の短いガンマ線、X線、紫外線、光（可視光）、そして波長
の長い赤外線、電波（マイクロ波など）など多数ありました。

　電波というのは光よりも波長が長くなります。そうすると、相手が
同じモノ（粒子）であっても、可視光なら衝突して見ることができな
いのに、電波を使うと上手にすり抜けて衝突せず、見ることができる
といった違いが起きるのです。それが1章2節で見たように、波長ご
とに赤外線、可視光、X線などで見えるものが違う(＊)という特徴に
繋がっていきます。

　結局、衝突するには波長とモノ（粒子）の有効的な大きさが、それ
なりに合っている必要があるということです。たとえば、タンパク質
のような高分子、あるいは塵（宇宙塵）などの大きさは、可視光の波

（＊）見えるものが違う
ここでは「回折、屈折の効果」は無視して説明しています。

長と同程度のため衝突・散乱してしまい、その後ろを見ることはできません。このため、私たちは人体とか岩石、恒星などが目の前にあると、その中の様子は可視光（肉眼）で見えないことになります。なぜなら、可視光がタンパク質や岩石と衝突するからです。難しい言葉では、ぶつかる場合を幾何光学、回り込む場合を波動光学といって区別します。厳密には波動光学でも方向が変わるので散乱とみなしますが、ここでは詳しい議論は割愛します。

● 衝突・散乱するかどうか—② 「相互作用」と粒子の大きさ

「大きさ」が衝突・散乱に関与することは理解しやすいと思います。それでは何が大きさを決めているのでしょうか。それが「相互作用」（ここでは主に「電磁」相互作用）の大きさなのです。

私たちの身体は無数の原子や分子でできています。図1−4−2のように、原子の中を見ると、陽子（プラスの電荷）が原子核の中にあって、外を電子（マイナスの電荷）が回っています。この軌道の半径の

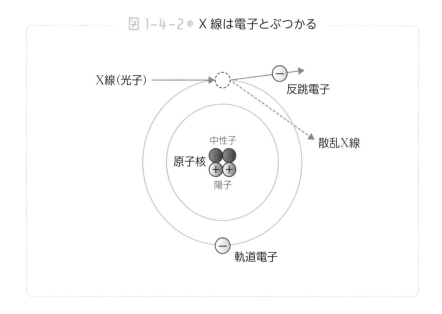

図 1−4−2 ● X 線は電子とぶつかる

X線（光子）
反跳電子
散乱X線
中性子
原子核
陽子
軌道電子

大きさは、電磁相互作用が決めています。つまり原子の大きさは、電磁相互作用が決めているのです。

このため、その半径より波長の長い光は、陽子と電子の電荷を区別できません。そうした長い波長の光は、陽子や電子とは衝突・散乱はしづらいと考えられます。

一方、X線のように、その半径よりずっと波長の短い光は、水素原子の中の陽子と電子を区別できるのです。そのため、電荷を持ったそれら粒子とX線は散乱することができます。

電磁波は電荷を持った粒子との間の電磁相互作用により散乱しますが、<u>ニュートリノのような電磁相互作用の電荷をもたない粒子（中性のレプトンと呼ばれるもの）は事情が異なります</u>。特にニュートリノは弱い相互作用しかしないのです。弱い相互作用を通じてのみ散乱するため、その見かけ上の大きさはものすごく小さくなるのです。そのため、散乱確率はたいへん小さくなります。それがニュートリノ検出のむずかしさにつながっています。

● 温度は「衝突・散乱」によって生まれる

私たちはふだん、なにげなく「温度」という言葉を使っています。実はこの温度も、「衝突・散乱」に関係しています。というのは、散乱が激しく、熱平衡（吸収と放出のバランスが取れている状態）になっていることで、温度が定義されるからです。

たとえば、人の身体の中では散乱が激しく、分子の中で吸収や放出が激しく起こり、それが釣り合っている（バランスが取れている）ために、身体の中で温度を生み出しています。私たちの身体から主に赤外線が放射されるのはこのためです。身体の中で激しく衝突し、熱平衡になって熱を生み出します。そのような分子でつくられた身体には赤外線や可視光は吸収され、赤外線や可視光では中を透かして見るこ

とができません。温度とはそうした反応の激しさを表わす指標なのです。

　宇宙空間でも同じです。ガス分子などが集まり、そこで吸収・放出を繰り返すことで温度（まだ低いので低波長）が生み出され、望遠鏡で観察できるのです。熱平衡になって、熱と呼べるかどうかは、放射される波長ごとのスペクトルを見て判断しないといけません。熱平衡ならある温度にピークをもつようなプランク分布と呼ばれるスペクトルになります。非熱平衡なら、ピークはありません。

　太陽になると、その表面は6000度（K：Kは絶対温度ケルビン）で可視光でも見ることが可能ですが、さらに太陽内部に入っていくと、粒子が激しく衝突・散乱が起こっているために可視光では不透明で、数100万度（K）の超高温になっています。ですから、可視光や赤外線の波長で見ようと思っても、太陽の中を覗くことはできません。けれども、波長を変えてやると (*)、太陽の中でも見ることができるようになるのです。

（*）波長を変えてやると
例外は金属。金属は周りに電子が走り回っているために、中性ではあっても電子がむき出しのような性質をもっていて、波長にかかわらず光は衝突する。電波がビルの壁に遮蔽されるのは、建物の中に鉄骨が通っていて、鉄骨が電波を散乱するため。タンパク質の場合、波長の長い赤外線などは完全には散乱されず透過することができる。可視光や紫外線は完全に散乱されてしまう。X線やガンマ線などは、波長が短いため散乱するが、エネルギーが高すぎてタンパク質を壊してしまう。ただし、中にも入っていかないので粒子を分解できない。

マイクロ波が「宇宙の化石時代」を初めて捉えた
── 宇宙マイクロ波背景放射（CMB）

　物理学では光は電磁波と呼ばれ、その波長によってさまざまな名前がついています。

　私たちが一番よく知っているのは可視光で、波長ごとに分解すると虹色に見えます。可視光の真ん中は黄色で、ヴィジブルバンドと呼んでいる帯域（バンド）です。これより波長の長い側はオレンジ、赤になり、さらに波長が長くなると私たち人間の目には見えなくなります。それが赤外線です。太陽からは赤外線も出ていますが、私たちには可視光の範囲までしか見えず、赤外線を判別できません。赤外線の波長は微生物くらいの大きさです。さらに赤外線よりも波長が長くなると、マイクロ波などの「電波」領域があります。

　電波領域はすごく広いため、電波の中を細分化して名前をつけることが多いのが特徴です。ここで注目してもらいたいのが電波の中の1つ、「マイクロ波」です。

　後で何度も出てくる名前ですが、「宇宙マイクロ波背景放射」（Cosmic Microwave Background）、略して一般にCMBという放射があります。これはいわば138億年前につくられた宇宙の「光の化石」ともいえるもので、このCMBを調べることで「宇宙はどのように始まったのか？」という大きなテーマに迫ることができます。その手段として使う電磁波が、このマイクロ波です。

逆に、可視光線のヴィジブルバンドよりも波長が短くなると（図1-5-1の左側）、虹の青、紫があり、さらに波長が短くなってくると人間には見えない紫外線という帯域（バンド）に入っていきます。太陽からは弱い紫外線も出ていますが、人間の目には見えません。**恒星の中には、太陽よりも多くの紫外線を出す、大きくて温度の高い星も存在**します。電磁波であっても、人間の目（可視光）では見えない波長の放射が、この宇宙には大量に存在するのです。

図 1-5-1● さまざまな電磁波

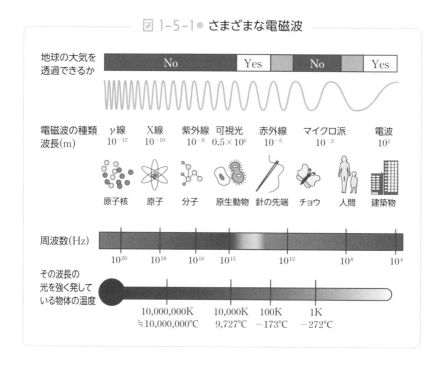

●波長の長さで何が違うか？

波長が長い、短いで何が違ってくるかというと、「エネルギーの大きさ」が違ってきます。天文学などでは、これを周波数Hzで表わしますが、宇宙論や素粒子論ではeV（エレクトロンボルト）という単位で表わします。可視光はおよそ1～3eVの範囲のエネルギーです。

可視光よりも波長の短い紫外線、X線、ガンマ線になると、その波長がもつエネルギーは急激に高くなっていきます。逆に、波長の長い電波などはエネルギーが低くなります。以下の数値はおおよその目安です。

図 1-5-2 ● 電磁波ごとのエネルギーの大きさ

ガンマ線　1×10^5 eV〜	可視光　　1.6〜3 eV
X線　　　$100 \sim 1 \times 10^5$ eV	赤外線　　$1 \times 10^{-3} \sim 1.6$ eV
紫外線　　3〜100 eV	電波　　　$0 \sim 1 \times 10^{-3}$ eV

　宇宙や素粒子の話をしていると、エネルギーが関係する話が多くなり、そのときはほぼ確実に「eV」（エレクトロンボルト）が顔を出します。eVはエネルギー、温度、質量の単位として用いられることもあるため、最初は面食らうかもしれませんが、これをイメージできるようになると、理解が飛躍的に進みます。eVの詳細は次のコラムを参照してください。

　なお、波長というのは、逆数をとって光速を掛け算すると周波数（ヘルツ）になります。たとえば黄色の可視光なら約300THz（テラヘルツ）です。波長で合わせる場合、たとえば黄色の可視光なら約6000Åです。1Å（オングストローム）は10^{-10}mです。

図 1-5-3 ● 周波数と波長の関係

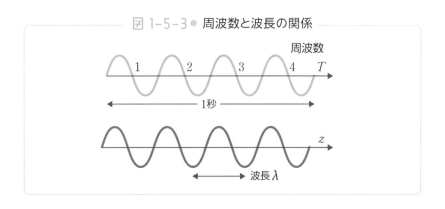

● eVは温度としても使う

　熱平衡である場合、eVは「温度」としても使います。可視光は1eV ～ 3eVぐらいと説明しましたが、これを温度に換算すると、1章末のコラムにもあるように1万度と思っていただいてかまいません。

　　　1eV　≒　1万度（K）

　ここで、Kは絶対温度を表わしていて、摂氏温度に換算すると、「−273℃ ＝0K」にあたります。私たちは日常、摂氏温度（℃）を利用していますが、eVで対応させる温度は「絶対温度（K）」とします。その値を摂氏温度に換算するときは、273を足しますが、eVを扱う場合、273は概算で表わした時に無視できるぐらい小さい数なので、約1万Kと表わすなら、273という数値は無視できるほどの量となっています。つまり、1eVは約1万Kであり、約1万℃なのです。

　可視光は1eVくらい、X線は1keVくらい、ガンマ線は100keV以上に対応しています。ですから、X線は1000万度（K）くらい、ガンマ線であれば10億度（K）以上となります。

　水素原子の半径をボーア半径といい、0.529×10^{-10}（m）の長さです。X線はこれと同じくらいの波長のため、よく散乱します。実際には、電子の励起状態（エネルギーの高い状態）のエネルギーに相当する波長が散乱するため、その意味ではその100倍くらいの波長も散乱します。

　しかし、波長の長い電波などから見ると、この2つの電荷（電子の−、陽子の＋）を区別できず、中性に見え、散乱することはありません。

　逆に、可視光よりも波長が短い紫外線、X線、ガンマ線などは、電子と陽子を区別できますので衝突したり、中にはスカスカの分子の間

を透過するものも出てきます。たとえばＸ線を使うと、私たちの身体を通過したり、衝突したりするためにＸ線写真が撮れます。しかし、電波の場合は波長が長く、完全に私たちの身体をまわり込んでしまうため、電波で人間の身体の写真は撮れません。

●マイクロ波で見た「宇宙背景放射」

宇宙は138億年前に誕生した、とされています。誕生後、約38万年間、宇宙は "火の玉" 状態（光球）でした。もちろん、それは138億年前のことです。その宇宙誕生から38万年後の様子、つまり、火の玉の表面部分をマイクロ波（電波）という波長で撮影したのが「宇宙マイクロ波背景放射」（CMB：cosmic microwave background）の全天図（全天マップ）と呼ばれている画像です。

図1-5-4　プランク衛星による全天図（宇宙の10万分の1のゆらぎを示す）　出典：ESA

これ以前のことは「火の玉の内部」のことなので、可視光ではもちろん、マイクロ波でも捉えることはできません。

宇宙が誕生してから約38万年間というもの、宇宙は "火の玉" 状態のために光が散乱して見えない状態でしたが、38万年たったときに、

宇宙の火の玉中の熱平衡のエネルギーは約0.3eV（可視光領域〜赤外線領域）まで下がりました。温度でいうと、1eV＝1万度（K）なので、0.3eVのエネルギーなら約3000度（K）に相当します。

　高温状態では自由自在に飛んで光子と衝突・散乱を繰り返していた電子が、宇宙温度が3000度（K）まで下がることで陽子に捕捉される量の方が多くなり、中性の水素原子になったことで、光子は電子の妨害を受けることなく直進できるようになりました。この温度まで下がらないと水素原子は周りの光子の衝突により、再び壊れてしまうのです。これによって光子の散乱はなくなり、宇宙は透明になりました。これを「宇宙の晴れ上がり」と呼んでいます。

宇宙を知るためのeVの知識と計算法

　eV（エレクトロンボルト／電子ボルト）という言葉が、本書の至るところに出てきます。eVは本来、「エネルギー単位の1つ」ですが、実際の使用では温度の意味に使われることもあります。場合によっては質量を表わす単位にも用いられ、使われ方は多彩です。

　また、その単位も、keV（ケブ）、MeV（メブ）、GeV（ジェブ）、TeV（テブ）など、幅の広さも手伝って、とても理解しにくい単位ですが、これがわかってしまうと、宇宙や素粒子に関する解説書を読む場合にも役立つはずです。そこで、簡単にまとめておきましょう。

　まず、eVの意味は「エネルギーの単位の1つ」といいました。**1eVとは「電子を1ボルトの電位差のもとで加速したときのエネルギー」のこと**をいいます。eVと書いて、「エレクトロンボルト」「電子ボルト」などと読みます。単位としては、次のようなものが使われます。ちなみに、ケブ、メブ、ジェブ、テブなどは、日本独自の読み方です。英語ではkeVはキロエレクトロンボルトと呼ばれます。

- meV（ミリエレクトロンボルト）
  $=0.001\text{eV}=10^{-3}\text{eV}$
- eV $\qquad=1\text{eV}=10^{0}\text{eV}$
- keV（ケブ） $\qquad=1000\text{eV}=10^{3}\text{eV}$
- MeV（メブ） $\qquad=1{,}000{,}000\text{eV}=10^{6}\text{eV}$
- GeV（ジェブ） $\qquad=1{,}000{,}000{,}000\text{eV}=10^{9}\text{eV}$
- TeV（テブ） $\qquad=1{,}000{,}000{,}000{,}000\text{eV}=10^{12}\text{eV}$

$\dfrac{1}{1000}$　　　　1000　　100万　　10億　　1兆　　1000兆

○　　　○　　　○　　　○　　　○　　　○　　　○

m（ミリ）　　1　　k（キロ）　M（メガ）　G（ギガ）　T（テラ）　P（ペタ）

meV　　1eV　　keV　　MeV　　GeV　　TeV　　PeV

　eVを温度、湿度などに換算すると、以下のような数値になります。

- 温度　　　　　　1 eV＝1万2000度（K）[*]
- エネルギー　　　1 eV＝1.6×10^{-12}erg
- 質量　　　　　　1 eV ＝1.8×10^{-34}グラム

（＊）温度換算は「ピタリ1万2000度」ということではなく概数。ボルツマン定数k＝8.617×10^{-5}eV/Kで割るので、1（eV）÷（8.617×10^{-5}）（eV/K）＝11605（K）、よって約1万 2000度（K）と計算できる。一桁で表わすなら1 eV＝約1万度。

第**2**章

ニュートリノと重力波が
「宇宙の謎」を解き明かす

2-1

ニュートリノなら、何が見えるのか？

── 電磁波では永遠に見えない世界

　光は1秒間に30万kmを走りますが、それでも有限の速度には違いありません。光といえども、一定の距離を走るには一定の時間が掛かります。前述したように、私たちが太陽を見たとき、その光は8分前に太陽表面を出た光であり、8分前の過去の太陽の姿を見ていることになります。同様に、昼間でも、ぼうっと見えるアンドロメダ銀河は250万光年の距離にありますから、いま見ているアンドロメダ銀河は250万年前の過去のものです。

　こうして、遠い恒星や銀河を見ることは、過去の宇宙、歴史を見ることにつながります。

　私たちはマイクロ波を使うことで、誕生してまもない約38万年後の宇宙の姿を見ることができましたが（前掲の図1−5−4のプランク衛星による画像）、それ以前の「原始宇宙の姿」を眺めることはできるでしょうか。

　残念ながら、可視光でも、マイクロ波でも、ましてやX線を使っても、それより前の姿を見ることは電磁波を使うかぎり不可能です。

● ニュートリノでさらに奥まで見える？

　けれども、まったく違うアプローチがあります。電磁波の限界を打ち破る革新的な方法として、「ニュートリノを使う」というアイデア

です。

　たとえば太陽のような天体でも、ニュートリノを使って内部の様子を写真に撮ることができます。通常、太陽のような恒星の場合、光球の外側（表面）は光で捉えることはできますが、太陽の内側は光で捉えることはできません。

　けれども、ニュートリノを使うと、中心付近までを見ることができます。

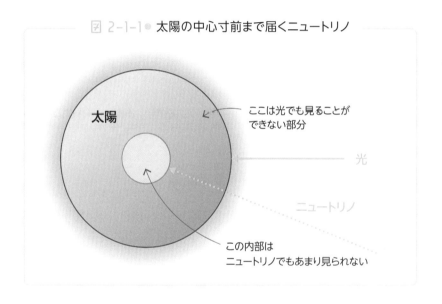

図 2-1-1 ● 太陽の中心寸前まで届くニュートリノ

太陽

ここは光でも見ることが
できない部分

光

ニュートリノ

この内部は
ニュートリノでもあまり見られない

　次の画像は、岐阜県・神岡鉱山にあるスーパーカミオカンデ ^(＊)（宇宙素粒子観測装置）が撮った太陽の中心の写真です。

（＊）スーパーカミオカンデ
岐阜県飛騨市神岡町にある世界最大の水チェレンコフ宇宙素粒子観測装置。1991年から建設が始まり、96年4月より観測を始めた。これによってカミオカンデの装置は役割を終えた。

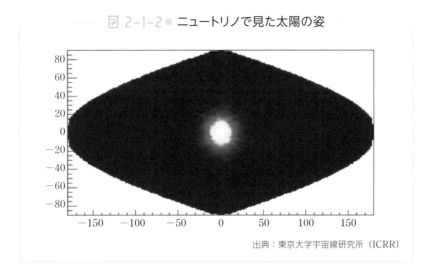

図 2-1-2 ● ニュートリノで見た太陽の姿

出典：東京大学宇宙線研究所（ICRR）

図2-1-2の画像は太陽でニュートリノを使って見たときの写真です。

●天文学の謎に挑むニュートリノ観測

ニュートリノを使うと、超新星爆発や双子（連星）の中性子星の合体、あるいは活動銀河核からはジェットという噴出まで見られる可能性があります。

また、「ガンマ線バースト」という、短い時間にガンマ線を大量に放出する天体があります。この正体はまったくわかっていませんが、そのガンマ線バーストをつくるときには必ず、ブラックホールの周りに降着円盤（accretion disk）と呼ばれる円盤ができていて、この**降着円盤からニュートリノが出ている**可能性があります。ガンマ線バーストを観測する場合も、ニュートリノの研究を並行して行なうことが大事になります。

天文学にはさまざまな謎がありますが、なぜジェットになるのか、なぜこれほど強い勢いで出せるのかも謎の1つです。コンピュータで

シミュレーションをしてみても、ジェットは太く短くてすぐに終わってしまい、現実のジェットの姿を再現できません。なぜこれほど細く絞られ、光速に近いスピードでジェットが出てくるのか？　残念ながら、わかっていないのです。

　また、ジェットを観測すると見かけ上、光速を超えるように錯覚するほどの超速度に見えます。ガンマ線バーストなどでは、そうしたジェットが本質的な役割を担っていることが予想されていますが、その正体はまだ謎です。しかし、ニュートリノで観測することで、その糸口をつかめるかもしれないと期待されています。

ニュートリノって何？

　ニュートリノは「素粒子」の1つです。ひと言でニュートリノの特徴をいうと、「**ニュートリノとは、電荷のない電子**」といえます。もう1つの特徴は、あらゆるものをすり抜けていくこと。たとえば、人間の身体のなかも1秒間に100兆個ものニュートリノが通り抜けていきますが、そのほとんどは衝突しません。それどころか地球の内部でさえ、平気で通り抜けていきます。だから、そこにあるのかどうかも確かめにくいため、ニュートリノにとってはありがたくない「幽霊粒子」という愛称が付いています。

物質をつくる素粒子

1秒間に100兆個もの
ニュートリノが
人間の身体を通過している

　ニュートリノは光速に近い速度で飛び、長いあいだ、「質量がない素粒子」とされてきました（いまは質量があることはわかっています）。また、宇宙にはダークマターと呼ばれる暗黒物質が大量にあることが知られており、ニュートリノはダークマターとなる素粒子ではないかとも考えられていましたが、現在では質量が軽すぎることがわかっており、否定されています。

　不思議な性質をたくさんもつニュートリノですが、原理的には、宇宙誕生の約1秒後の姿を見ることのできる能力をもっています。本書では、この不思議なニュートリノの性質を1つひとつ解明していくつもりです。

2-2

重力波では何をどこまで
見られるのか？

―― ブラックホールの事象の地平線

最近、ニュートリノに加えて、重力波も話題になることが多くなりました。重力波の検出は「アインシュタインの最後の宿題」といわれていたもので、2015年9月には、アメリカのLIGO（＊）と呼ばれる重力波の観測装置が2つの巨大なブラックホールの合体を捉え話題となりました。それが発表されたのは、翌年の2016年2月のことでした。

● 正確な距離を計測できる

ブラックホールには、いわば光が到達できない「事象の地平線」（イベント・ホライズン）と呼ばれる領域があって、そこより中はどんな手段を使っても見ることはできません。さらに、物質はその半径の3倍くらい外でのみ、安定な軌道をもつことができます。ところが、重力波を使うと、事象の地平線の近辺の情報を見ることが可能となります。

2015年9月にLIGOで発見されたのは、双子（連星）のブラックホールが衝突・合体するときに発した重力波でしたが、その後、双子の中性子星の合体も報告されることになります。中性子星とは、大型の恒

（＊）LIGO（Laser Interferometer Gravitational－Wave Observatory）は重力波検出のためにアメリカのルイジアナ州、ワシントン州の2州に建設された4km×4kmの巨大レーザー干渉計重力波観測所。2015年9月14日に、史上初の重力波の検出に成功した。「ライゴ」と呼ばれる。

星が超新星爆発をした後にできる中性子の塊のような星で、重力波の観測に掛かれば、存在を証明したことになりますし、その硬さ具合を計測することができます。その密度は角砂糖1個の体積あたり100兆gを超えます。それにより、原子核物理学とハドロン物理学の発展に寄与します。

　天文学にとっては、重力波は「距離を決める」ツールにもなりえます。中性子星の発するパルスは規則正しく、距離のよい指標になっています。しかも、遠い中性子星を測ると宇宙膨張で周期が長くなるという効果があって、その周期を測ることにより中性子星までの正確な距離を決めることができる利点があります。

　従来は恒星までの距離を光で決めてきましたが、それとは別に、さらに正確な距離を決めることができるのです。そうすると、重力波が地球まで通ってきた時空の情報もわかります。地球までの空間がどの程度曲がっているのか、目に見えない物質ダークマター（暗黒物質）、あるいはダークエネルギー（暗黒エネルギー）がどれだけあるのか、宇宙の膨張率（ハッブルパラメータ）なども、独立な方法でわかってくるのです。

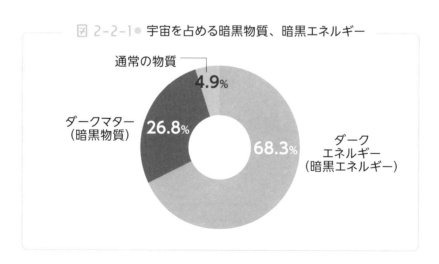

図 2-2-1 ● 宇宙を占める暗黒物質、暗黒エネルギー

通常の物質 4.9%

ダークマター（暗黒物質）26.8%

ダークエネルギー（暗黒エネルギー）68.3%

超新星爆発のときにも重力波が放出されます。完全に球対称であれば重力波は放出されませんが、少しひしゃげて（四重極放射という）いることが期待されますので超新星爆発でも重力波の放出があります。その場合、重力波を観測すれば、ニュートリノよりもさらに超新星の奥の情報までつかむことができます。

重力波は宇宙観測にとって、強力なツールなのです。

● 量子重力への期待

さらにいうと、アインシュタインの一般相対性理論を超えるような「量子重力理論」の兆候が発見されるかもしれません。重力波観測では、事象の地平線近辺から出てくる重力波を見ていますので、一般相対性理論、つまりアインシュタインの重力理論の予言と違うずれを見ることができるかもしれないと期待されています。

たとえば、2015年に発見された最初の重力波「GW150914」（「重力波：2015年9月14日」の意味）というのは、2つのブラックホールの衝突でした。太陽質量の約30倍程度の2つのブラックホールが衝突して1つのブラックホールになったのです。そのときに出てくる重力波の波形というのは、正確に一般相対性理論の予言通りのものでした。しかも、出てくるのが事象の地平線近辺です。地平線のところが重要なのですが、みごとに一般相対性理論の予言とピタリ一致したのです。将来、もっと正確な測定ができれば、量子重力の影響が見られるかもしれないと期待されています。これは、重力波天文学が基礎物理学に与える影響の1つです。

重力波って何？

重力波とは「**重力がつくりだす波**」のことです。池の水面にポチャンと石が落ちたら、水面が凹んだ後、石のつくった波がどこまでも伝わっていきます。同様に、トランポリンや薄いネットに重いものが乗ると、トランポリンやネットは重みでたわみます。そしてその物質が動くと、水面の波と同じようにトランポリンやネットにも波となって伝わっていきます。

宇宙で重力が時空に与える影響も似ています。重いもの（軽くても同じ）があると、その空間はぐにゃりと歪みます。これを「時空の歪み」といい、そのものが動くと、**宇宙空間を波が伝わっていきます。これが「重力波」です。**

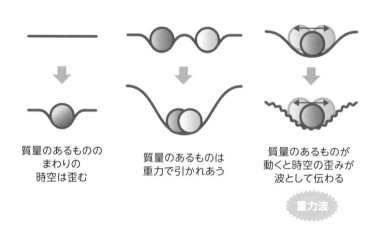

質量のあるもののまわりの時空は歪む

質量のあるものは重力で引かれあう

質量のあるものが動くと時空の歪みが波として伝わる

重力波

重力波は非常に弱い波ですが、そこには他のものでは観測できない重要な情報が詰まっています。たとえば、どんな重さのブラックホール同士が衝突し、どんなブラックホールをつくったか、距離はどれだけ遠いか、宇宙誕生の頃はどんな様子だったか……。そんな宝の山の一端をひもといていきます。

重力波が「宇宙の誕生」を
見る手がかりになる

―― 宇宙開闢の1秒に迫る

　すでに説明した通り、電磁波では宇宙開闢38万年以降のところか
らしか見ることができません。38万年より前の、もっとビッグバン
の始まりの頃に近い時期はどうやって見ることができるかというと、
ニュートリノが第一候補です。しかし、そのニュートリノも万能では
ありません。やはり見えなくなる境があります。それが「宇宙誕生の
約1秒後」ぐらいとされています。

● 温度（エネルギー）が低すぎる

　1秒後の宇宙のエネルギーは1MeV（メガエレクトロンボルト、メ
ブ）、つまり10^6eVとされています。これを温度でいうと、約10^{10}度、
およそ100億度です。そのとき、光ではまだ何も見えませんが、ニュー
トリノで宇宙全天を見ると、"火の玉"宇宙の表面を見ることに相当
します。ただし、いまはまだ、それができていません。

　なぜなら、宇宙初期から存在するニュートリノを、まだ直接見つけ
ることができていないからです。最大の理由は、エネルギーが低い
ためと考えられています。ニュートリノの現在の温度[*]は、およそ
2K（マイナス271℃）です。CMB（宇宙マイクロ波背景放射）の温

（*）ニュートリノ、CMBの温度
もう少し正確にいうと、ニュートリノの現在の温度は1.95K、CMBは2.73K。

度は約3K（マイナス272℃）ですから、ニュートリノの温度はCMBよりもさらに絶対零度（絶対温度＝0K）に近い温度です。

ニュートリノはエネルギーが高いほど散乱しやすくなりますが、宇宙初期から残るニュートリノは、エネルギーが低いためにほとんど散乱しません。そのため、直接、ニュートリノを見つけることができていません。将来、なんらかの技術革新により、宇宙初期から残るニュートリノを見ることができれば、宇宙にその観測装置を向けると、宇宙が始まって1秒の頃のニュートリノの火の玉の表面を見ることができるようになる日が来るかもしれません。

● ニュートリノで見る「ゆらぎ」の可能性

宇宙マイクロ波背景放射（CMB）では、マイクロ波によって微妙な温度の差、つまり電磁波の「ゆらぎ」を見ることができました。同様に、ニュートリノを観測に使うことで「ニュートリノのゆらぎ」を見つけることができる可能性があります。

CMBは温度（3K）を測っただけではなく、そのわずかな温度のゆらぎを見たことによって、宇宙のインフレーション・モデル（次のコラム参照）を選別できる可能性があるのです。そして、CMBのゆらぎを超えて、さらにニュートリノのゆらぎを見つけることができれば、インフレーション・モデルを含めて宇宙初期を記述するモデルをさらに詳しく調べることができると期待されます。

そして、温度とダークマターと原子のゆらぎは同じようにゆらいでいないと、現在の銀河にまで発展しないことが知られています。銀河をつくるには、別々にゆらいでいてはいけないのです。この同じように揺らぐゆらぎを「断熱ゆらぎ」といいます。

これに対して、ニュートリノのゆらぎの情報はまだありません。た

だ、宇宙初期から存在するニュートリノを見つけ、ニュートリノのゆらぎも見つかれば、それが本当にダークマターや温度のゆらぎと矛盾がないのかどうかについても、チェックすることができます。

ビー玉が銀河の大きさに
（インフレーション膨張）

　宇宙誕生後、わずか約10^{-38}秒後の間に、宇宙は「インフレーション膨張」と呼ばれる指数関数的な急膨張を経験したとされています。これは1981年に佐藤勝彦とアメリカのアラン・グースが提唱した宇宙の理論です。インフレーション膨張の次の瞬間、よく知られる「ビッグバン」とも呼ばれる火の玉宇宙になりました。その火の玉が膨張する宇宙は、ビッグバン宇宙と呼ばれます。現代的にはビッグバン宇宙の宇宙膨張はインレーション宇宙の膨張より遅いと考えられており、名前から受ける印象は、皮肉にも逆のような気がします。

　ところで、そのインフレーションの急膨張とはいったい、どの程度の規模だったのでしょうか。現在考えられているところによると、宇宙が誕生して最初の10^{-38}秒後ぐらいのときに膨張を始め一気に10^{23}倍の大きさになります。その後、ビッグバン宇宙として膨張を続け、その後の138億年をかけて、ようやくその約10^{28}倍となるゆるやかさで宇宙は膨張することになります。

　この10^{23}倍というインフレーション膨張の凄さを実感する例を挙げますと、それはビー玉（直径1cm）が一瞬の間に「銀河の大きさ」になる——それぐらいの膨張が10^{23}倍のインフレーション膨張なのです。銀河の直径は約10万光年ですから、光速でも端から端まで約10万年を要します。宇宙初期、光速をはるかに凌駕する速度で空間が広がる宇宙膨張であったことがわかります。

　ちなみに、これは宇宙全体（空間）が広がる速さが光速を超え

ただけであって、粒子の速度が光速を超えたわけではありません。
そのため、光速を超えられないという相対性理論には抵触してい
ないと考えられています。

ビー玉が一瞬で銀河系の大きさに

その後の宇宙膨張は意外に遅い？

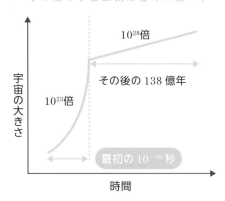

ニュートリノはどこに
存在するのか？

——"火の玉"宇宙を撮影する

　宇宙初期から残されたニュートリノは、私たちの周りに無数に存在し、1cm^{3}あたり約300個ほどあると計算されています。3世代でそれぞれ粒子・反粒子の違いがありますから計6種類、約300個存在するのです。角砂糖1個あたりに300個のニュートリノが突き抜けている計算です。

　ただ、その温度は2K（−271℃）しかありません。ニュートリノの数はとても多いけれども、それぞれのエネルギーがとても弱い。エネルギーが低いと、散乱の頻度も小さくなります。

　散乱には、陽子、中性子、電子に散乱させる方法があります。ただ、宇宙初期から残されたニュートリノのエネルギーが低いのが難点です。

　というのは、これらの現象が起きる確率は、ニュートリノのエネルギーの2乗に比例することが知られています。エネルギーが低いと、確率がすごく下がるのです。このため、ニュートリノは空間1cm^{3}あたり300個とたくさん存在することはわかっているけれども、宇宙初期からのニュートリノを見つけられていないという状況です。

　皮肉にも、その相互作用の弱さのせいで（弱い相互作用）、宇宙が始まってから1秒の時期という早い時期に、火の玉から逃げ出せるようになったのです。

　このことは、相互作用がもっと強い光子とは違います。光子は電子

と電磁相互作用で激しく衝突するせいで、光子が火の玉から逃げ出して火の玉自身が透明になるのは、さらに宇宙年齢が38万年になるまで待たなければならなかったのです。

　将来、目の前を飛び回っている多数のニュートリノ（背景ニュートリノ）を観測することができれば、それはニュートリノが火の玉から逃げ出した直後の宇宙年齢1秒の頃の火の玉の表面写真を撮影することになるのです。より深い真理を知るためには、より苦労するということになっているようです。

● 21センチ線放射で宇宙の断層写真を撮る

　宇宙初期に発生したニュートリノを受信した場合、私たちは宇宙誕生1秒後の宇宙の表面（ニュートリノの表面）を知ることができます。そして、すでに38万年後の表面写真（CMBで測った画像）はマイクロ波で入手済みです。

　では、1秒後〜38万年後までの間の状況もわかるかというと、そのままでは1秒後、38万年後の2枚の写真を入手しただけであって、その間をCTスキャナーやMRIなどの画像診断装置のように、細かく自由自在に刻んでいくことはできません。

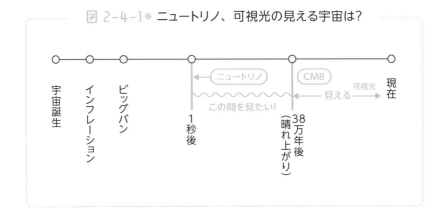

図 2-4-1 ● ニュートリノ、可視光の見える宇宙は?

ただ、この２つの間には、水素に続くヘリウムなどの軽い元素が生まれていく「ビッグバン元素合成」と呼ばれる現象があります。また、銀河をつくるためのダークマターと原子のゆらぎが成長するのを待っているのも、この時期なのです。

　私たちはそのような各々の現象を使って、この間のシナリオを埋める努力をしています。ニュートリノとCMBだけでその間を透視するのはむずかしい話です。

　一方、38万年後のCMBの晴れ上がりのあとは断層撮影で調べるというような新技術を用いたアイデアが提案されています。中性の水素原子の中の電子にはスピンが上向き、下向きの２種類がある（＊）ことが知られていますが、これがフリップする（上下が変わる）ときに、光が放出されます。このエネルギーに相当する波長が21cmのため、この放出光は「21センチ線放射」と呼ばれています。どこで21センチ線放射が出たかを調べることで赤方偏移（レッドシフト）が違ってくるので、どの時期（宇宙年齢）に出た21センチ線であるとわかります。それを測ると、出た時期の断層写真が撮れる、というテクニックが提案されています。

　まだ実現はしていませんが、理論的には検討されている分野で、私自身、この研究を進めているところです。宇宙初期からの21センチ線の測定ができれば、宇宙の研究も一気にブレイクスルーする可能性があるといえます。

（＊）スピン２種類
ここでいう電子のスピンとは、水素原子中の電子の状態がスピン上向きとスピン下向きの２種類をとりうることがあるという意味。

第
2
章

ニュートリノと重力波が「宇宙の謎」を解き明かす

重力波で宇宙初期の
何が見えるのか？

—— 大統一理論

　ニュートリノを使うことで、可視光やマイクロ波を使うよりも（宇宙誕生の38万年後）、もっと過去の宇宙、つまり宇宙初期まで見ることができると述べました。それはおよそ宇宙誕生の1秒後です。

　しかし、重力波を使うことで、ニュートリノよりもさらに昔の宇宙（初期宇宙）を見ることができます。これは同じ重力波とはいっても、LIGOで脚光を浴びたブラックホールなどのコンパクト天体の合体から放出された重力波のことではなく、宇宙初期につくられたと予想される背景重力波のことです。**この重力波は「波」という描像より、「ゆらぎ」と理解したほうがしっくりくる**かもしれません。

　宇宙起源の重力波は、宇宙誕生の瞬間からほぼ同時に放出されています。たとえばインフレーション膨張時に時空が激しく揺さぶられたせいで、重力波が放出されます。そうした宇宙初期の重力波を捉えることができれば、インフレーション膨張の直後の宇宙の写真を撮るかのように、宇宙の始まりを見ることができます。

　インフレーション膨張の時期は、宇宙誕生の直後である約 10^{-38} 秒後ぐらいからと説明しました。これは、まだ仮説の段階なのですが、たとえば、宇宙の「大統一理論」（GUT）と呼ばれる統一理論のスケールで宇宙のインフレーション膨張が起こったとすると、約 10^{-38} 秒後に起こったと計算することができるからです。そして、それは現在の

CMB実験から得られた、インフレーションのエネルギースケールの上限である約10^{16}GeVと矛盾がありません。

— 図 2-5-1 ● 宇宙の歴史（NASA / WMAP サイエンスチーム）—

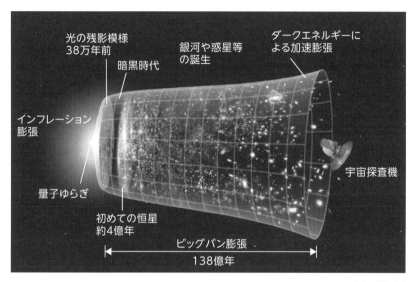

光の残影模様
38万年前

暗黒時代

銀河や惑星等
の誕生

ダークエネルギーに
よる加速膨張

インフレーション
膨張

量子ゆらぎ

初めての恒星
約4億年

ビッグバン膨張
138億年

宇宙探査機

出典：NASA

その背景重力波を検出すると、インフレーション・モデル（複数の理論がある）をより強力に特定できるとされています。

この重力波はインフレーション膨張のときにできたものですが、宇宙は「相転移」という時期を何度か経験し、これら相転移の時期にも重力波が出ている可能性が指摘されています。相転移については次章で説明しますが、図2-5-2として図のみ掲載しておきます。

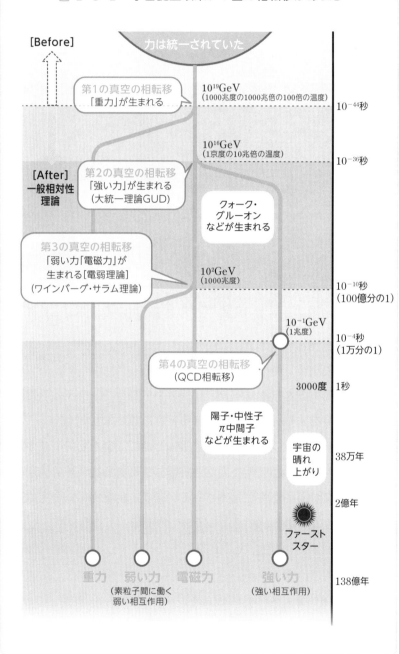

図 2-5-2 ● 宇宙誕生以来、4回の相転移があった

[Before]

力は統一されていた

第1の真空の相転移
「重力」が生まれる

10^{19}GeV
(1000兆度の1000兆倍の100倍の温度)

10^{-44}秒

10^{16}GeV
(1京度の10兆倍の温度)

10^{-36}秒

[After]
一般相対性
理論

第2の真空の相転移
「強い力」が生まれる
(大統一理論GUD)

クォーク・
グルーオン
などが生まれる

第3の真空の相転移
「弱い力」「電磁力」が
生まれる[電弱理論]
(ワインバーグ・サラム理論)

10^{2}GeV
(1000兆度)

10^{-10}秒
(100億分の1)

10^{-1}GeV
(1兆度)

10^{-4}秒
(1万分の1)

第4の真空の相転移
(QCD相転移)

3000度　1秒

陽子・中性子
π中間子
などが生まれる

宇宙の
晴れ
上がり

38万年

2億年

ファースト
スター

重力　　弱い力　　電磁力　　強い力

(素粒子間に働く
弱い相互作用)

(強い相互作用)

138億年

2-6 宇宙初期の重力波を どう捉えるのか？

── シグナルに対する感度

LIGOで重力波が検出された際、重力波は「超新星爆発、中性子星、ブラックホール」などの天体現象からだけでつくられた重力波を捉えるもの、と誤解された人が多いようです。しかし、すでに紹介したように「宇宙初期の現象を重力波で見ることができる」ことは、あまり知られていません。実は、こちらのほうがさらに重要なことなのです。

しかも、天体起源の重力波のほとんどは、その重力波が地球にやって来ると、瞬時に通りすぎてしまいます。ものの1秒程度と短く、そのときに観測できなければ再度、同じ天体からの同じ信号を観測するチャンスはありません。

ところが、宇宙初期の重力波となると、現在でも「全天」からのノイズ（時空のゆらぎ）として存在し、原理的にいえば、**いつでも宇宙初期の重力波の計測が可能**です。見た目は極微小のノイズとしてやってきています。

我々の銀河の中からもマイクロ波がやってきているので、昔のアナログテレビ（最近は販売が終了）のザザーというノイズの中に我々の銀河起源のマイクロ波の信号が入っています。周波数によっては10％ぐらいが我々の銀河起源のマイクロ波だとされています。しかし、そのノイズの中にはニュートリノや重力波のノイズは含まれていません。

図2-6-1は、重力波を使った世界中の観測装置と宇宙初期のインフレーション膨張の関係図です。

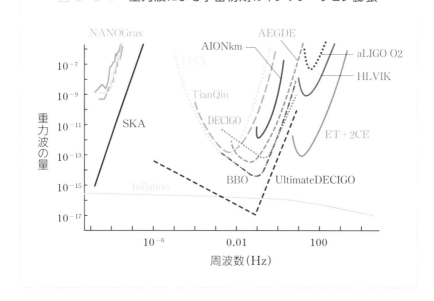

図 2-6-1 ● **重力波による宇宙初期のインフレーション膨張**

　横軸には重力波の周波数、縦軸はシグナルの強さが示されています。各実験の名前がついている曲線は、その実験のシグナルについて感度がどこまであるかを示しています。

　最近、重力波を発見した米国のLIGO（ライゴ）の感度は、AdvLIGO（Advは改良版の意味）と書かれた1000Hz辺りの曲線です。

　けれども、宇宙初期からの重力波、つまり、インフレーション膨張の重力波はグラフの下の方にある折れ線ですので、10^{-16}付近の強さになります。この状況では、LIGO（ライゴ）をどれだけアップデートしても、宇宙初期の重力波を捉えることはできなさそうです。

　検出できる可能性があるのは、デサイゴ（DECIGO：Deci-hertz Interferometer Gravitational wave Observatory）などです。デサイゴは日本が将来、打上げを計画している重力波望遠鏡衛星で、この精

度があればインフレーション膨張のシグナルを発見できる可能性があります。

　さらにアメリカでも、BBO（Big Bang Observer）と呼ばれる計画があります。これは宇宙初期の重力波の観測を目的としているものですが、開発予算はまだ付いていないようです。

2-7

太陽、超新星、人体…
起源の異なるニュートリノ

—— エネルギーの違い

● すり抜けるニュートリノ

　太陽からは1cm²当たりで10兆個ものニュートリノ（太陽ニュートリノという）が来ています。1cm²といえば、角砂糖の断面ぐらいですが、それだけ無数に飛んで来ても、ニュートリノはほとんどのもの（人体も、地球も）を通り抜けていくため、発見するのは至難の業です。

　ニュートリノを何かに衝突させるためには、30光年ぐらいの長さの水を用意しないと1つのニュートリノを確実にぶつけられません。太陽までの距離は1億5000万kmで、光で8分ほどです。30光年というと、太陽までの距離の200万倍。一番近いケンタウルス座α星までで4.3光年ですから、その7倍です。そんな遠いところまで水を用意しないと、1つのニュートリノを100%の確率で衝突させることができないのです。

　ニュートリノにはこの「太陽」からのニュートリノ以外にも、「超新星」「大気」「地球内部」「人体」など、さまざまなところからくる、起源の異なるニュートリノがあります。

　これらのニュートリノの違いは、エネルギーを見るとわかります。

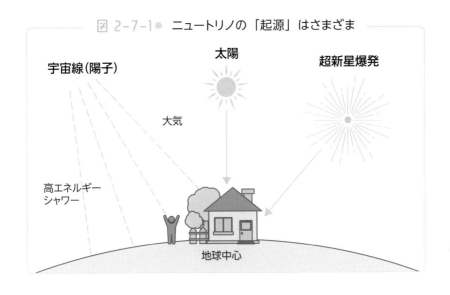

図 2-7-1● ニュートリノの「起源」はさまざま

宇宙線（陽子）

太陽

超新星爆発

大気

高エネルギー
シャワー

地球中心

太陽の中心からくるニュートリノ（太陽ニュートリノ）……数 keV 以上

超新星からくるニュートリノ………………………………数 10MeV

地球の中心からくるニュートリノ（ジオニュートリノ）……数 MeV 近辺

大気からくるニュートリノ（大気ニュートリノ）……………1GeV 以上

　おおよそ、上記のようなエネルギーとなっています。太陽ニュート
リノはエネルギーが数 keV 程度なので、一定以上の量があれば岐阜県
神岡町に設置された（スーパー）カミオカンデで捕まえることができ
ます。カミオカンデの時代から、数 MeV 以上だと検出可能となるので、
見つかっているエネルギーは MeV 以上となります。

　しかし、人体から放出されるニュートリノ、あるいは地表から出て
くるニュートリノは量が圧倒的に少ないため、かんたんには観測でき
ません。

　もう1つ、地球の中心からくるニュートリノの計測には、最近、目

覚ましい進展がありました。ウランなどの重元素の崩壊で出てくる
ニュートリノは量も多く、エネルギーもわかっていて、スペクトルも
わかっています。それに合うか合わないかをチェックして計測してい
るのですが、それらのことについては、あとの章で説明することにし
ます。

第**3**章

幽霊粒子
「ニュートリノ」の正体

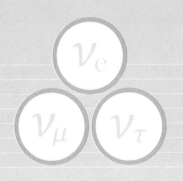

3-1

 幽霊粒子のニュートリノ

── パウリの予言

　ニュートリノの存在は、仮説から始まりました。1930年、オーストリア生まれのスイスの物理学者ヴォルフガング・パウリ（1900～1958）は「ニュートリノ仮説」を理論的に打ち立て、その存在を予言しました。しかし、ニュートリノはなかなか直接捉えることが難しかったので、実際にニュートリノが発見されたのは1956年まで待たねばなりませんでした。

　では、パウリはどのようにしてニュートリノを予言したのでしょうか。それは原子核のβ崩壊と呼ばれる、放射性元素の崩壊の研究から始まりました。β崩壊というのは、ある原子番号（Z）の原子核が次の原子番号（Z＋1）に転換するときに電子を1個放出し、起きる反応プロセスです。たとえば、炭素C（原子番号6）がβ崩壊して窒素N（原子番号7）に変わるときには、

$$^{14}\text{C} \quad \rightarrow \quad ^{14}\text{N} \quad + \quad \text{e}^-$$

e⁻は電子

となります。

　崩壊前に比べ、崩壊後の元素の質量のほうが電子1個分以上、小さくなります。アインシュタインの方程式 $E = mc^2$ から、電子がその質量差に相当する運動エネルギーをもち去ると考えられていましたが、

電子は予想されたエネルギーよりも少ないエネルギーしかもち去っていなかったのです。このため、当時は「エネルギー保存則が破れているのではないか」と考える物理学者もいたほどです。

　しかし、パウリは β 崩壊において放出されるのは電子（e⁻）だけでなく、実はまだ知られていない「幽霊粒子」も一緒に放出されたためではないか、という仮説を 1930 年に発表しました。この幽霊粒子のことをパウリは「中性」を意味するところから「ニュートロン（本来の意味は「中性子」）」と名付けようとしたのです。

● フェルミが名付け親

　その後、1932 年には原子核を陽子とともに構成する粒子に「ニュートロン」（現在の「中性子」）という名前が先に使われてしまったため、イタリアの物理学者エンリコ・フェルミ（1901 ～ 1954）はパウリの幽霊粒子のことを「ニュートリノ」（中性の小さな粒子）と呼び変えたのです。

　こうして理論的な整合性は得られたのですが、ニュートリノを直接捕まえることはなかなかできませんでした。予言されていたのに、ニュートリノをなかなか発見できなかった最大の理由は、ニュートリノが極端に他の粒子との相互作用が弱かったためです。

　相互作用というのは「ぶつかりやすさ」の程度のことです。それが持っているエネルギーによって、ぶつかりやすさ、衝突のしやすさは違います。実験した環境で、ニュートリノの相互作用と、電磁相互作用とを比べてみると、ケタ違いにぶつかりやすさが弱く、このため、ニュートリノのもつ相互作用は「弱い相互作用」と呼ばれます。相互作用には 4 つあり、これは「4 つの力」という言葉でも知られています（次のコラムを参照）。

宇宙ができてすぐに超高温の火の玉となり、急速な膨張とともに、宇宙空間の温度も下がっていきます。宇宙ができた当初は、4つの力（相互作用：次のコラムを参照）はすべて1つにまとまっていたと考えられていますが、エネルギーが下がっていくにつれ、「重力」が分岐し、次に「強い力」が、最後に「電磁力」と「弱い力」が分岐して現在に至っていると考えられています。

　その分岐の原因となる現象は、相転移と呼ばれる現象だと考えられています。**相転移とは、それまでとは違う相になるという意味**です。たとえば、水を例にとるとわかりやすいかもしれません。温度が下がるにつれ、水の相から氷の相というように変化します。その液相と気相との間の相転移の前後では物理法則が違って見えたりします。水という液相では、水分子は電気的にやわらかくくっついている状態で自由に動き回っていますが、氷という固相では、水分子はガチガチに隣り合っていて、動けません。そのように、相転移後はまったく違う物理法則のように見えるのです。宇宙はそのように、膨張するにつれて温度が下がり、数々の相転移を繰り返して現在の姿に至ると考えられています。

　ただし、そんな弱い相互作用だけしかしないというニュートリノであっても、重力に比べると、たとえばMeVのニュートリノは10^{32}倍も強いのですから、いかに重力が弱いかがわかるかと思います。ちなみに電磁気力より10^{16}倍も弱い力なのです。

宇宙の小窓

４つの力と相転移（相互作用）

　宇宙ができた当初は1つの力だったと期待されますが、宇宙の温度、つまりエネルギースケールが下がるにつれていろいろな力（相互作用）が分岐していきます。

　最初に分岐したのが「重力」で、宇宙誕生後、10^{-44}秒後、そのときの温度は1000兆度の1000兆倍の100倍で、これは「第1の真空の相転移」とも呼ばれています。

　第2の真空の相転移は「強い力」（強い相互作用）の分岐です。宇宙誕生後、およそ10^{-38}秒後のこととされ、1000兆度の10兆倍の温度。このとき、陽子と中性子とをくっつけるグルーオンと呼ばれる強い力を媒介するゲージ粒子が生まれます。なお、重力を除く、残り3つの力を統一する理論を「大統一理論」（GUT: Grand Unification Theory）と呼んでいます。

　第3の真空の相転移は10^{-10}秒後のことで、ここで「電磁力（電磁相互作用）」と「弱い力（弱い相互作用)」が分かれます。温度としては1000兆度です。この時期までに、それまで同数あった原子などのバリオン物質の粒子と反粒子のバランスが崩れ（CP

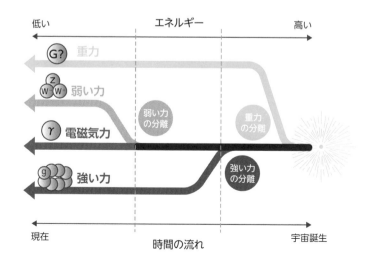

65

対称性の破れ）、結果的に、この宇宙（自然界）には私たちの体や惑星、恒星を形づくっている正の「粒子」しか存在しなくなりました（反粒子は加速器などで人工的につくることができる）。この電磁力・弱い力を統一する理論を「電弱統一理論、つまり標準理論（ワインバーグ・サラム理論）と呼んでいます。

　なお、第4の真空の相転移（10^{-4}秒後）と呼ばれるものもありますが（QCD相転移）、これはクォークとグルーオンから陽子や中性子ができた時期のことで、力（相互作用）の分岐自体とは直接関係ありません。

　本書では基本的に「力」ではなく「相互作用」という言葉で説明しています。

3-2

 ニュートリノは
「素粒子」の1つ

—— 究極の17物質

ニュートリノとひとくちにいっても、実は3種類あります。それらの話をする前に、「素粒子」についてかんたんに説明をしておかなければなりません。

自然界にあるもの、たとえば「水」はH_2Oと書かれ、水の分子でできています。この水は水素原子、酸素原子からできていて、かつてはこの原子こそ、世の中の究極的な物質、つまり「素粒子」と考えられてきました。

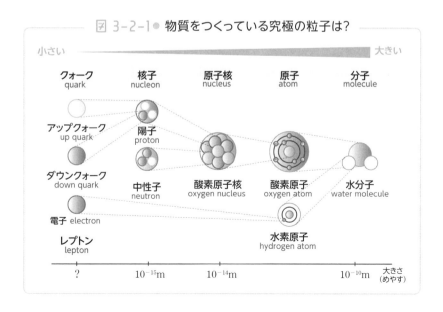

図 3-2-1● 物質をつくっている究極の粒子は?

けれども、原子はさらに分けることができ、原子核と電子に分かれることがわかりました。

現在、「電子」は素粒子とわかっていますが、原子核のほうはさらに陽子、中性子の2種類でできていることもわかりました。陽子と中性子は原子核を形づくっているので核子とも呼ばれます。では、陽子・中性子は素粒子なのかというと、ここでも終わりではなく、陽子、中性子はクォーク（6種ある）が3個で構成されていることもわかりました。このクォークは現在、「素粒子」とされているものです。また、クォークをつなげるためのグルーオンも入っています。

クォーク、グルーオン、電子は「物質をつくる素粒子」です。

こうして現在、私たちが知っている素粒子は全部で17種類あります。大きく分類すると、次の3種類に分かれます。

図 3-2-2 ● **17 の素粒子**

① 物質粒子	クォーク6種類、レプトン（電子など）6種類
② ゲージ粒子	グルーオン、光子、Wボソン、Zボソン
③ ヒッグス場に伴う粒子	ヒッグス粒子

私たちの身体をつくったり、惑星や恒星をつくっている原子や分子は、陽子や中性子（クォーク）、グルーオン（糊の意味）、さらには電子でできています。電子はレプトンというグループに属しています。これらは物質を直接つくっている素粒子です。

陽子はプラスに荷電している粒子で、中性子は中性な粒子です。このため、そのままでは電気的には陽子と中性子とは強く引きつけ合いません、より強力な力（強い相互作用）で結びつける必要があります。それが図3-2-2の②ゲージ粒子で分類されたグルーオンもしくは、クォークと反クォークとグルーオンが混ざったパイ中間子で、原子核と電子を結びつける電磁力の媒介役が光子（光のこと）で、弱い

相互作用を媒介するのがWボソン（＋と－がある）とZボソンです。

　また、ヒッグス場に伴う粒子としてヒッグス粒子があります。なお、重力を媒介すると考えられている「重力子」の存在は予想されていますが、まだ発見されていませんので、現在、ふつうに**「素粒子」**という場合にはこの17種類を指しています。

図 3-2-3 ● 素粒子は3つのグループに分けられる（標準模型）

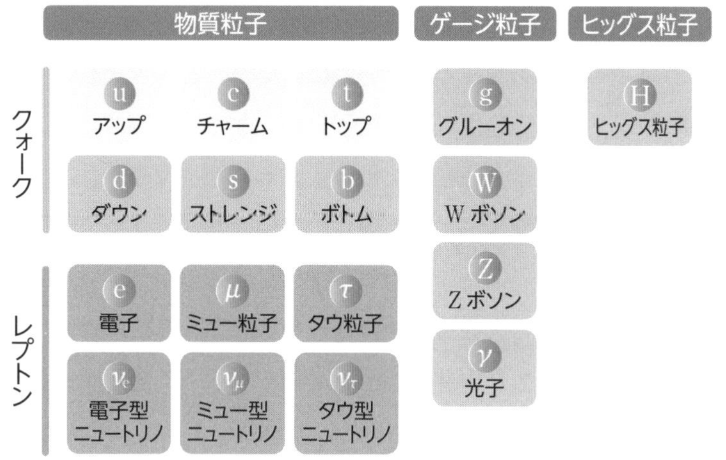

	物質粒子			ゲージ粒子	ヒッグス粒子
クォーク	u アップ	c チャーム	t トップ	g グルーオン	H ヒッグス粒子
	d ダウン	s ストレンジ	b ボトム	W Wボソン	
レプトン	e 電子	μ ミュー粒子	τ タウ粒子	Z Zボソン	
	ν_e 電子型ニュートリノ	ν_μ ミュー型ニュートリノ	ν_τ タウ型ニュートリノ	γ 光子	

図 3-2-4 ● ゲージ粒子は「力」を媒介する

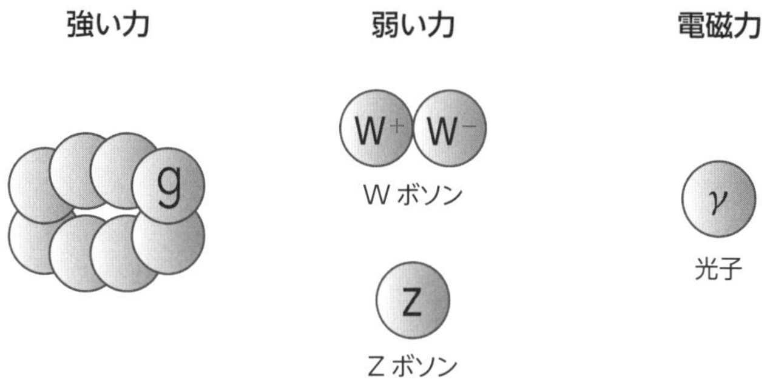

強い力　　　　　弱い力　　　　　電磁力

g

W⁺ W⁻
Wボソン

Z
Zボソン

γ
光子

69

3-3

宇宙初期には「反世界」があった？

── 反粒子の存在

　前節で、「ふつうの素粒子という場合には……」と書きましたが、「ふつうの素粒子」というのは「正の粒子」のことです。実は、この正の粒子とは異なる素粒子が存在したのです。それが「反粒子」です。**正の粒子と反粒子は質量・スピンが等しく、電荷が逆**（プラスとマイナスなど）の粒子です。スピンの向きは逆になるのですが、スピンの大きさが等しいので、この表現は語弊がありますが、ここでは細かいことには触れないことにします。

　たとえば、クォークには第1世代のアップ、ダウン、第2世代の

図 3-3-1 ● クォークと反クォーク

クォーク				反クォーク			
電荷	世代			電荷	世代		
	I	II	III		I	II	III
$+\dfrac{2}{3}e$	u アップ	c チャーム	t トップ	$-\dfrac{2}{3}e$	$\bar{u}$ 反アップ	$\bar{c}$ 反チャーム	$\bar{t}$ 反トップ
$-\dfrac{1}{3}e$	d ダウン	s ストレンジ	b ボトム	$+\dfrac{1}{3}e$	$\bar{d}$ 反ダウン	$\bar{s}$ 反ストレンジ	$\bar{b}$ 反ボトム

チャーム、ストレンジ、第3世代のトップ、ボトムの6種類が存在します。これらを通常のクォークとすると、反クォークと呼ばれるものが同じように6種類存在し、質量・スピンは同じですが、電荷が逆になっていると考えます。

電荷には、いろいろな意味があります。単に電荷といえば、お馴染みのプラスとマイナスなど電磁的な電荷を指すことにしましょう。それ以外にも、色の電荷（強い相互作用の電荷）、弱い相互作用の電荷などがあります。強い相互作用は量子色力学とも呼ばれます。

また、陽子はアップクォーク2個、ダウンクォーク1個の3個でできています。色の電荷も3つの色を合わせて無色になるように赤、緑、青と揃うようになっています。一方、「反陽子」というものが存在し、それぞれ反アップクォーク2個、反ダウンクォーク1個でできているのです。色の電荷は、反赤、反緑、反青となっています。それらは通常の正の「粒子」に対し、「反粒子」と呼ばれています。

図 3-3-2 ● この世界と反世界

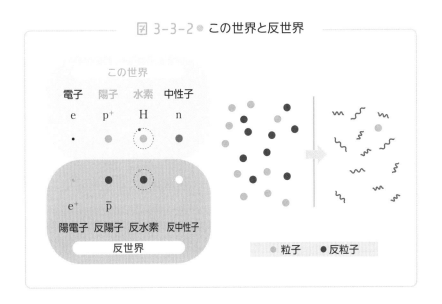

陽　子　→　アップクォーク2個　　＋　ダウンクォーク1個
反陽子　→　反アップクォーク2個　　＋　反ダウンクォーク1個

　詳しいことは後で述べますが、粒子と反粒子がぶつかると、高エネルギーの粒子を放出しながら互いに消滅します（対消滅）。宇宙誕生時にはほぼ同数の粒子・反粒子が存在したと考えられています。それが、なぜか、わずかに正の粒子のほうが多く存在し、このために反粒子はすべて消え去り、わずかな差の正の粒子だけが残り、それが現在の宇宙を形づくったとされています。もちろん、素粒子の反粒子も素粒子なのですが、種類を数えるときは、正の粒子で代表させて数えています。

3-4

電子とニュートリノとは "ペア"の関係

── 3世代のニュートリノ

　さて、ふつうの素粒子で考えると、17種類が発見されていると述べました。この中で、私たちに身近な「電子」の仲間をレプトン（＊）と呼んでいます。クォークに6種類の仲間があったように、レプトンにも図3-4-1の6種類があります。

　まず、電子の仲間（グループ）として、電子、ミュー粒子（ミューオン）、そしてタウ粒子（タウレプトン）の3世代があります。そしてもう1つのグループが本書のテーマの1つ、「ニュートリノ」です。ニュートリノにも、電子型ニュートリノ、ミュー型ニュートリノ、タウ型ニュー

図 3-4-1● ニュートリノは電子の仲間だった

	第一世代 (first)	第二世代 (second)	第三世代 (third)
レプトン	● 電子型ニュートリノ	● ミュー型ニュートリノ	● タウ型ニュートリノ
	● 電子	● ミュー粒子	● タウ粒子

（＊）レプトン
ギリシア語で「軽い」を意味する言葉。「軽粒子」ともいう。それに対し、3つのクォークからできる陽子、中性子を「重粒子」（バリオン）と呼ぶこともある。

トリノ^{（＊＊）}の3世代があります。

ここで、「世代」が第2世代、第3世代となるにつれ、それぞれの粒子の質量は大きくなっていきます。たとえば、第1世代の電子の質量は0.511MeVであるのに対し、第2世代のミュー粒子は106MeV、第3世代のタウ粒子は1777MeVあります。

なお、電子の仲間は電荷（マイナスe）をもちますが、**ニュートリノの仲間には電磁的な電荷はなく、中性**です（このため電磁的に衝突・散乱しにくい）。

また、ニュートリノには当初、質量はないと考えられていましたが、梶田隆章さんの所属するスーパーカミオカンデグループの**ニュートリノ振動実験**の検出の成果により、現在では「質量がある」ことがわかりました。その功績により、梶田隆章さんは2016年にノーベル賞を受賞されています。

ただし、ニュートリノの質量についてはきわめて小さく、種類の間の質量差は測定されましたが、まだそれぞれの絶対的な大きさの数値は決まっていません。

● 電子とニュートリノは表裏一体

よく知られる「電子」に相当するのが「電子型ニュートリノ」です。もちろん、違う素粒子と考えてもよいのですが、素粒子の研究者は

「電子と電子型ニュートリノとは、対（ペア）になっている」

という言い方をよくします。電子と電子型ニュートリノの2つは似た

（＊＊）ニュートリノの名称表現について
電子の仲間「ミュー粒子」はミューオン、μ粒子と書かれることもあり、「タウ粒子」はタウレプトン、τ粒子と書かれることもあるが、本書では「ミュー粒子」「タウ粒子」で統一した。また、ニュートリノに関しても、電子型ニュートリノを電子ニュートリノ、ν_e（ニューイー）と各種あり、また、ミュー型ニュートリノについてもミューニュートリノ、ν_μ（ニューミュー）などと呼び、さらにタウ型ニュートリノについてもタウニュートリノ、ν_τ（ニュータウ）と呼ぶこともある。
本書では「電子型ニュートリノ」「ミュー型ニュートリノ」「タウ型ニュートリノ」で統一している。

者同士で、表裏一体です。電磁気的な力が働くときには「電子」として私たちの前に現れますが、弱い相互作用が働くときには電子と電子型ニュートリノは、ほぼ同じような粒子として振る舞います。それと同様に、ミュー粒子とミュー型ニュートリノ、タウ粒子とタウ型ニュートリノはペアの存在です。

　たとえば、中性子（n）に電子型ニュートリノ（ν_e）をぶつけたときは、陽子（p）と電子（e$^-$）が現れます。

$$\underset{\text{中性子}}{n} \quad + \quad \underset{\text{電子型ニュートリノ}}{\nu_e} \quad \rightarrow \quad \underset{\text{陽子}}{p} \quad + \quad \underset{\text{電子}}{e^-}$$

　このとき現れるのは必ず「電子（e$^-$）」であって、電子の仲間の「ミュー粒子」や「タウ粒子」が現れることはありません。組になっている、あるいは相棒のような関係にあります。

　なお、ニュートリノ（粒子）にも反粒子が存在しますので、ニュートリノは

- 電子型ニュートリノ
- ミュー型ニュートリノ
- タウ型ニュートリノ
- 反電子型ニュートリノ
- 反ミュー型ニュートリノ
- 反タウ型ニュートリノ

の6種類です。

3-5

ニュートリノはどこから
生まれてくるか（1）

―― 太陽ニュートリノ

　ニュートリノがどこから生まれてくるか、放出されてくるかというと、太陽、大気、超新星爆発、地球（ジオ）、人体など、さまざまなところから生まれてきます。

　太陽の中心から放出され、地球に降り注ぐニュートリノが「太陽ニュートリノ」です。ここでは「電子型ニュートリノ」が観測されます。

図 3-5-1● 太陽ニュートリノで観測される電子型ニュートリノ

　次の図3-5-2は、「ニュートリノのスペクトラム」と呼んでいるもので、横軸はエネルギー、縦軸はどれだけニュートリノが出てくるかという「量」を表わしています。日本の（スーパー）カミオカンデ（岐阜県神岡町の観測装置）が見つけるのは、この少しエネルギーの高いボロン8（ホウ素^{8}B）からのニュートリノです。

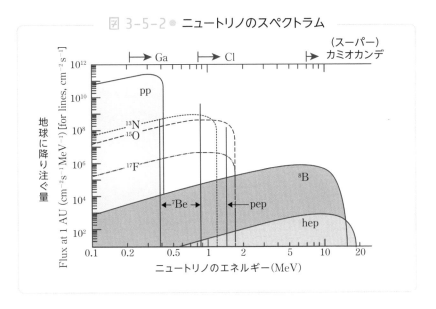

図 3-5-2 ● ニュートリノのスペクトラム

ボロン8（^{8}B）から出てくるニュートリノのエネルギーは10MeV
ぐらいあります。ボロン8（^{8}B）がベリリウム7（^{7}Be）に変わり、そ
のときに陽電子（e^+：これは電子の反粒子）、電子型ニュートリノ
（ν_e）が放出されます。

式で書くと、次のようになります。少しむずかしくなりますが、こ
んな形で反応するということを、ボヤっとでもよいので覚えておいて
ください。

$$^8B \quad \rightarrow \quad ^7Be \quad + \quad e^+ \quad + \quad \nu_e$$
ボロン　　　ベリリウム　　　　陽電子　　　　電子型ニュートリノ

この段階で早くも、電子型ニュートリノが出てきました。また、「反
粒子」の1つ、陽電子も顔を出しました。電子（粒子）は電磁的な
電荷がマイナスeです。電子の反粒子は電磁的な電荷が逆になるため、
プラスeをもちます。これが「陽電子」です。

さて、太陽から出てくるニュートリノといっても、いろいろなエネ

ルギーがあります。岐阜県の（スーパー）カミオカンデが見ることのできるエネルギーはMeVレベルくらいからで、エネルギーが高いほど見つけやすくなります。

　このため、（スーパー）カミオカンデでは、ボロン8（ホウ素8）起源のニュートリノのエネルギーも高く、量も一定以上あって見つけやすいことになります。

3-6

ニュートリノはどこから生まれてくるか(2)

―― 大気ニュートリノ

　宇宙線(＊)が大気と衝突するときに生じるニュートリノを「大気ニュートリノ」といいます。エネルギーは約1GeV以上と高エネルギーで、太陽ニュートリノよりもはるかに大きなエネルギーです。

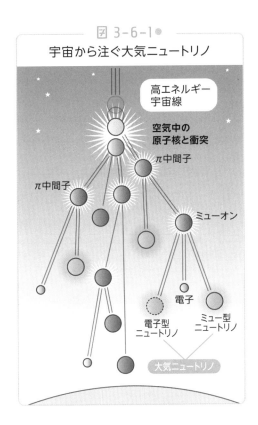

図 3-6-1●
宇宙から注ぐ大気ニュートリノ

高エネルギー宇宙線

空気中の原子核と衝突

π中間子

π中間子

ミューオン

電子

電子型ニュートリノ

ミュー型ニュートリノ

大気ニュートリノ

　宇宙から地球に降り注ぐ宇宙線（主に陽子）と、大気中の窒素の中の核子（陽子もしくは中性子）がぶつかりあうことで、パイ中間子（パイオン：π^+、π^-、π^0）と呼ばれる粒子が多数生まれます。まるでシャワーのように地球大気中でつくられることから、これ

（＊）宇宙線（Cosmic ray）とは高エネルギーの放射線粒子のこと。宇宙空間を飛び回っているのでこの名前となっているが、当然、地球にも大量に降り注いでいる。陽子が宇宙線の主成分で、その他にもアルファ線、リチウム、ボロン（ホウ素）などが含まれている。

を空気シャワーとも呼んでいます。

　この宇宙線の空気シャワーが降り注ぐ際、どのようにしてニュートリノが生じるかを見るために、少し反応式で書いてみると、次のようになります。かなり複雑ですので、「大気ニュートリノからは電子型ニュートリノ、ミュー型ニュートリノ、さらにその反粒子（反電子型ニュートリノ、反ミュー型ニュートリノ）が放出される」ことを理解していただければ十分です。

　まず、宇宙線の陽子と空気中（窒素）の陽子が衝突し、π粒子を大量につくります。

$$p \quad + \quad p \quad \to \quad p + p + \pi^+ + \pi^- + \pi^0 + \cdots$$

宇宙線の陽子　　　大気中の陽子　　　　　　　（3種のπ粒子が大量につくられる）

　次に、π粒子の1つ、π^+が崩壊して反ミュー粒子とミュー型ニュートリノが放出されます。

$$\pi^+ \quad \to \quad \mu^+ \quad + \quad \nu_\mu$$

反ミュー粒子　　　ミュー型ニュートリノ

　そして、この反ミュー粒子（μ^+）はさらに、陽電子（e^+）、反ミュー型ニュートリノ、電子型ニュートリノを生じます。なお、陽電子は反粒子です。

$$\mu^+ \quad \to \quad e^+ \quad + \quad \bar{\nu}_\mu \quad + \quad \nu_e$$

陽電子（反粒子）　反ミュー型ニュートリノ　電子型ニュートリノ

　同様に、π^-からも、

$$\pi^- \quad \to \quad \mu^- \quad + \quad \bar{\nu}_\mu$$

反ミュー型ニュートリノ

そして、この右辺の μ^- がさらに、

$$\mu^- \quad \rightarrow \quad e^- \quad + \quad \nu_\mu \quad + \quad \bar{\nu}_e$$

陽電子(反粒子)　　ミュー型ニュートリノ　　反電子型ニュートリノ

　こうしてできるのが「大気ニュートリノ」です。見ていただければ
わかるように、かなり複雑な反応です。ここで放出されるのは電子型
ニュートリノ、ミュー型ニュートリノ、その反粒子（反電子型ニュー
トリノ、反ミュー型ニュートリノ）です。

　それ以外については、ニュートリノ振動のときに説明します。

3-7

ニュートリノはどこから
生まれてくるか(3)
── 加速器ニュートリノと原子炉ニュートリノ

● 加速器で生み出されるニュートリノ

　加速器を使うと、人工的にニュートリノを発生させることができます。これを「加速器ニュートリノ」と呼んでいます。加速器ニュートリノのしくみは大気ニュートリノのプロセスと同じです。

　大気ニュートリノの場合、つくるプロセスは宇宙線の陽子と大気中の陽子（窒素）との衝突でした。加速器の場合は、ビームから発射された陽子と、標的の陽子の2つを用意し、超高速で正面衝突させることで、ニュートリノを人工的につくり出すことができます。これによって、電子型ニュートリノ、ミュー型ニュートリノ、そしてその反粒子（反電子型ニュートリノ、反ミュー型ニュートリノ）が放出されます。ここでもタウ型ニュートリノは、源のところでは放出されません。

● 原子炉ニュートリノ

　もう1つ、「原子炉ニュートリノ」というタイプもあります。これは原子炉内のウランの核分裂などからニュートリノが生じるもので、エネルギーとしてはMeV程度です。原子核内の中性子が崩壊して、電子、電子型ニュートリノを放出し、陽子になります。これがβ崩壊です。

$$n \quad \rightarrow \quad p \quad + \quad e^- \quad + \quad \bar{\nu}_e$$
中性子　　　　　陽子　　　　陽電子（反粒子）　反電子型ニュートリノ

　さらにそのときの陽子が電子を捕獲し、中性子と電子型ニュートリノを放出します。

$$p \quad \rightarrow \quad e^- \quad + \quad n \quad + \quad \nu_e$$
　　　　　　陽電子（反粒子）　　　　　　　　　　電子型ニュートリノ

　こうして大量の反電子型ニュートリノがつくられ、原子炉の外に放出されます。

第**4**章

ニュートリノ天文学で、
宇宙の「ダーク世界」
を読み解く

右巻きニュートリノ、左巻きニュートリノ

── スピンとは何か？

　素粒子を「スピン」という指標で分けることもできます。スピンは、物理学では電荷もそうですが、素粒子を特徴づける重要な性質（量子数）の一つと考えられています。これがニュートリノの性質を見るときにも影響してきますので、スピンについて少し説明をしておきましょう。

　素粒子には「スピン」という自転に例えられる量子数があり、フェルミ粒子（フェルミオン）とボース粒子（ボソン）という粒子のグループに分けることができます。それぞれ固有の「スピン」と呼ばれる角運動量に例えられる量子をもっています。

　ここで角運動とは、地球のように回っている物体の回転の強さを表わすようなものと考えてください。そして、スピンの単位1/2ごとで、スピンが0、1、2のような整数のタイプを「ボース粒子」、1/2、3/2のような分数（半整数）のタイプを「フェルミ粒子」といいます。

　本書では「ボース粒子」の名前で統一してありますが、他にもボソン、ボソン粒子とも呼ばれることがあります。ボース粒子の名前は、インドの物理学者サティエンドラ・ボース（1894 〜 1974）に由来します。

　もうひとつ、「フェルミ粒子」ですが、これはフェルミオンと呼ばれることもあります。フェルミ粒子の名前は、イタリア出身（後にアメリカ）の物理学者エンリコ・フェルミ（1901 〜 1954）に由来します。

- 整数のタイプ……………………ボース粒子
- 分数（半整数）のタイプ……フェルミ粒子

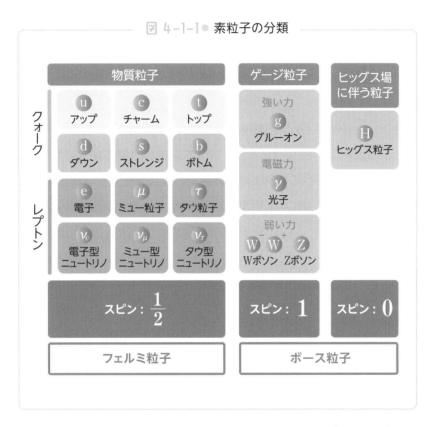

図 4-1-1 ● 素粒子の分類

図4-1-1を見てもわかるように、クォークやレプトンなど物質をつくる素粒子は**スピンが1/2なのでフェルミ粒子**です。グルーオン、光子、ウィークボソンなどのゲージ粒子は**スピンが1なのでボース粒子**に分類されます。最近発見されたヒッグス粒子はスピン0だと実験的にも確定しました。また、まだ発見されていない重力子はスピン2と考えられていて、これらは整数回転なのでボース粒子です。

素粒子のスピン──ディラック粒子、マヨラナ粒子

このスピンの回転数での分類に加えて、もう一つ重要な性質があります。それが、スピンの回転の方向が進行方向に対して「右巻きか、左巻きか」という区別です。ヘリシティと呼ばれます。

この区別の方法は、その素粒子が飛んでいる方向（進行方向）に対して、**後方から見て「どちら向きに回っているか」で右巻きか、左巻きかで判断**します。通常の素粒子の場合、粒子・反粒子にかかわらず、左巻き・右巻きの2種類があります。

ところが、ニュートリノ（粒子）は左巻きしか見つかっておらず、右巻きはまだ確認されていません。逆に、反ニュートリノは右巻きのみで、左巻きは見つかっていません。

図 4-1-2 ● スピンの回転方向は右？ 左？

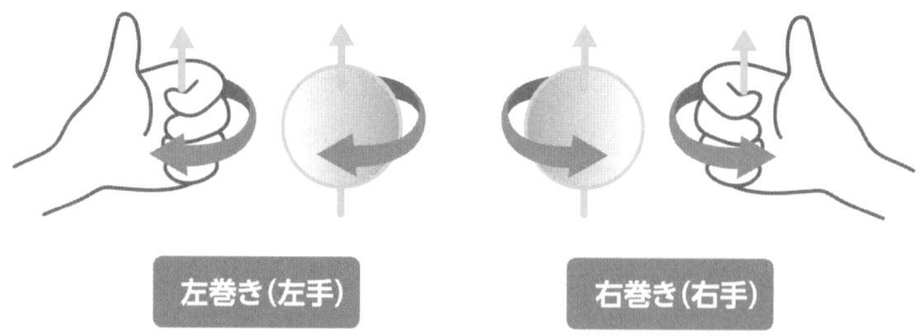

左巻き（左手）　　　右巻き（右手）

**左巻きも右巻きも両方ある質量のあるフェルミ粒子のことをディ
ラック粒子**と呼んでいます。そして、左巻きだけのように、**一方だ
けで質量をもつフェルミ粒子のことをマヨラナ粒子**と呼んでいます。
クォークも電子も、左巻き、右巻きの両方がありますので、これらは
ディラック粒子です。

左巻きの粒子自身が、自分の反粒子で右巻きをつくる性質をもつ粒

子のことをマヨラナ粒子と考えればわかりやすいかもしれません。

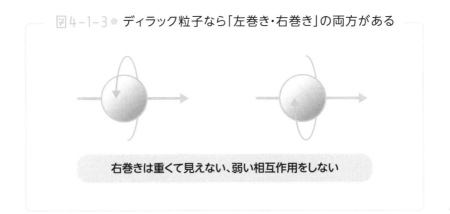

図4-1-3 ● ディラック粒子なら「左巻き・右巻き」の両方がある

右巻きは重くて見えない、弱い相互作用をしない

　ニュートリノの場合、ディラック粒子なのか、マヨラナ粒子なのかの決着がついていません。もし、ニュートリノがディラック型の粒子であった場合、右巻きニュートリノも存在するはずです。ところが、右巻きニュートリノは現時点では見つかっていません。

　しかし、右巻きのニュートリノが見つかっていないのは、「右巻きは重くて実験では見つからないため」ではないだろうか、とも解釈されています。右巻きニュートリノは弱い相互作用もしないのではないか、と考えられています。

4-2

 フェルミ粒子と
ボース粒子を入れ替える

―― 超対称性

　フェルミ粒子とボース粒子とを入れ替える対称性のことを「超対称性」と呼んでいます。その考え方によれば、「**自然界には、スピンの整数・分数（半整数）を入れ替えるような対称性が存在するのではないか**」と考えられているのです。その場合、ニュートリノはフェルミ粒子ですが、その超対称性（スーパーパートナー）はスカラーニュートリノといって、ボース粒子になり、スピンは0になります（図4-2-1参照）。

　同様に、その考え方では、スピンが1のボース粒子（Wボソン、Zボソンなど）には、超対称性によってフェルミ粒子のスーパーパートナーが存在し、そのスピンは1/2となります。このような対称性が自然界には存在するのではないかと予想されています。

図 4-2-1● 超対称性の事例

ボース粒子		フェルミ粒子
フォトン（光子）	⟶	フォティーノ（ビーノ）
Wボソン、Zボソン	⟶	ジーノ（ウィーノ）、チャージーノ
ヒッグス粒子	⟶	ヒグシーノ（1／2）
スカラークォーク	⟵	クォーク
スカラーニュートリノ	⟵	ニュートリノ

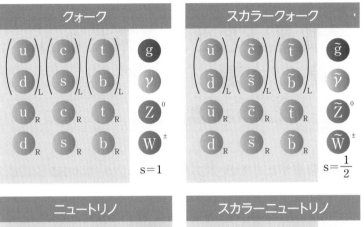

図 4-2-2● スピンを入れ替える対称性「超対称性」

添字のLは左巻き、Rは右巻き、sはスピンを表わす

4-3

質量はどこから来たのか、という謎

── ヒッグス機構

　「物質の質量がどこから生じたのか」という、いわゆる質量の起源については、多くの研究者を悩ませてきました。ヒッグス粒子がCERN（欧州原子核研究機構）の大型加速器で発見されたとき（人工的に作成）、「**質量はヒッグス粒子によってもたらされた**」という解釈がニュースで流れました。しかし、これは若干誤解を与える解釈なのです。

　ヒッグス粒子とは、1964年にイギリスのピーター・ヒッグスが提唱したヒッグス機構で要請される粒子のことです。

　この後はかなり抽象的でむずかしい話になりますが、少し説明して

図4-3-1● 原点（対称）から下に落ちる（非対称）と質量をもつ

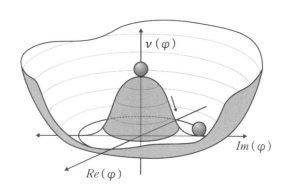

おきましょう。

　図4−3−1を見るとわかるように、ヒッグス場と呼ばれる「場」の
ポテンシャルエネルギーはワインの底のようになっています。簡単に
いうと、ヒッグス場から励起した（飛び出した）のがヒッグス粒子と
考えればよいと思います。

　ヒッグス場の場の値が、宇宙初期にはこの山の頂点にあって、そこ
はどこを見ても対称に見える場所（原点）です。この時、理論は対称
となっています。また、このとき、どの粒子にもまだ質量を与えてい
ません。ヒッグス場の場の値がゼロなので、ヒッグスの質量もゼロで
すし、結合する粒子の質量もゼロと考えます。

　けれども、この位置（対象の原点）はどう見てもエネルギーが高く
て不安定です。宇宙が誕生した直後で、温度が高い時、その高い温度
の効果で、エネルギーの高い位置にいても安定になっています。

　しかし、その後に温度が下がってくると、コロコロと下に落ちて安
定しようとします。原点のままであれば対称の位置にあり、場の値も
ゼロですので、ヒッグスの質量もゼロですし、結合する他の粒子に質
量は与えません。しかし、落ちた場所の場の値は原点からズレてい
るため、その効果で「結合する素粒子は重くなった（質量をもった）」
というわけです。

　また、ヒッグス自身も質量をもちます。これは、落ちた場所から見
て、横の壁が切り立っていて、横に動きにくいという事情を表わして
います。質量とは、ある種、そうした「動きにくさ」の指標なのです。

　粒子が質量をもつためにはこのようなメカニズム（ヒッグス機構／
ヒッグスメカニズム）が必要で、宇宙初期にそれが起こったことを
ピーター・ヒッグスが思いつき、理論的に予想されるヒッグス粒子を
CERNの加速器が実験的につくり出したことで、フランソワ・アング
レールとともにノーベル賞受賞となりました。

ヒッグス粒子というのはこの世界に満ち満ちていて、我々はヒッグス場の海の中に沈んでいるのですが、そこで動こうとすると、**ヒッグス場がまとわりつき、粒子は質量をもつ**——そういう理解になっています。

　繰り返しますが、ヒッグス粒子とは、ヒッグス場から、加速器などによりエネルギーを得て飛び出してきた粒子のことをいいます。ヒッグス粒子の質量である約126GeVより温度が高かった宇宙初期にもヒッグス粒子は飛び回っていたのです。

4-4

ヒッグス機構だけでは質量を説明できない

―― 陽子の重さの秘密

ここで注意したいのが、「ヒッグスのメカニズムだけで質量をもらうのが100％ではない」ということです。

実は、核子（陽子、中性子）やπ粒子が質量をもっているのは、ヒッグス・メカニズムだけが主な理由ではありません。これは重要な点です。どういうことかというと、私たちの体重、惑星や恒星をつくる物質は、そのほとんどが陽子と中性子でできていますが、陽子や中性子の質量の大半はヒッグス機構とは直接関係ないのです。

たしかに、クォークもヒッグス機構からも質量を受け取り、それによって質量を得ます。しかし、ヒッグスからもらった質量程度では、陽子も中性子もせいぜい、アップクォークとダウンクォークと同じ程度の質量にしかなりえません。

クォーク（陽子、中性子の質量はほぼ同じ）は電子の1800倍もの質量があり、比べようがないほど重い複合素粒子です。

――――― 図4-4-1● 重い粒子はヒッグスでは説明できない！ ―――――

電子の質量	0.511 MeV	9.1×10^{-31}kg	
陽子の質量	938 MeV	1.672621×10^{-27}kg	（電子の約1800倍）
中性子の質量	949 MeV	1.674749×10^{-27}kg	（電子の約1800倍）

● 陽子はなぜこれほど重いのか？

では、陽子や中性子は電子に比べ、なぜそれほど重いのでしょうか。

まず、ヒッグス粒子の発見で世界中が湧いたことは記憶に新しいのですが、その説明として、

「ヒッグス粒子は、万物に質量を与える」

と説明されました。

しかし、もう一度いえば、それは目の前の私たちの体重とは直接関係のないことなのです。電子（ミュー粒子、タウ粒子も含め）の質量の起源をいうのであれば、それはたしかにヒッグス機構から100％の質量をもらっているといってよいでしょう。ゲージ粒子の質量も、確かにヒッグス機構による、といえます。

しかし、身近な体重はもちろん、惑星の重さ、太陽の重さを決めているのは、陽子と中性子の質量であり、それはヒッグスとは無関係です。これは実は、**クォークが固まるときに別の対称性が破れたことが原因**だと考えられています。それが「カイラル対称性の破れ」と呼ばれるもので、**左と右の対称性の破れ**というものです。

4-5

「カイラル対称性の破れ」が質量を生む?

── 陽子、中性子、パイ中間子の質量の起源

　4章1節では、ニュートリノについて、左巻き、右巻きの話をしました。また、質量があると、前節で述べたように確かにカイラル対称性の破れが起きます。

　回転方向（左巻き、右巻きの区別）は進行方向の「後ろから見たとき」の状態で判断するといいましたが、ニュートリノの場合は「左巻き」です。

　素粒子に重さがあると、光速よりも遅くなります。このため、光速でその素粒子を追い抜くことが可能になります。

図4-5-1● カイラル対称性の破れ

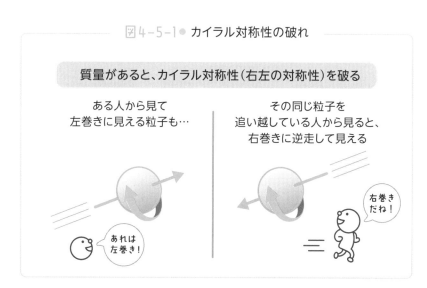

質量があると、カイラル対称性（右左の対称性）を破る

ある人から見て
左巻きに見える粒子も…

あれは
左巻き！

その同じ粒子を
追い越している人から見ると、
右巻きに逆走して見える

右巻き
だね！

そうすると、光から見ればその素粒子の回転方向が逆になったように見えます。本当はその素粒子の回転方向は変わっていないのに、追い抜く側（光）から見ると、**それまでは左巻きに見えたのが、追い抜いた後は右巻きに変わったように見える**のです。

つまり、質量があると光速よりも遅いため、回転方向が固定しない、つまり「左巻き・右巻きの対称性が破れる」ということです。このとき、「カイラリティが破れている」といいます。

逆に、核子（陽子、中性子）をつくるときの相転移、クォークやグルーオンが飛び回っていて、それがカイラル対称性を破ると、質量ができてしまうというように考えます。

それまで「左巻きだ」と思い込んでいたのが、途中で右巻きに変わるのです。最初から左巻きで飛んでいる粒子に比べると遅くなるので、質量が出ている、ということになってしまいます。つまり、**カイラル対称性を破ると質量が生じる**——どうやら、陽子、中性子、パイ中間子には、こういうことが起きているのではないか、と考えられています。

図4-5-2 ● 逆に、カイラル対称性を破ると「質量」が生まれる

①左巻き粒子が発生　②途中で真空と反応　③右巻き粒子として逆走

④また真空と反応　⑤左巻き粒子に戻って進む　⑥結局この「左巻き粒子」は速度が遅いと観測される

観測装置

現在、格子（ラティス）シミュレーションという方法を使うなど、スーパーコンピュータでクォークとグルーオンから核子をつくる数値計算を行ない、検証をしていますが、まだ、完全には解明されていません。いずれにせよ、ヒッグス粒子だけで陽子などの重い質量は説明できず、カイラル対称性の破れの寄与のほうが大きいことを知っておいていただきたいと思います。

　質量の起源は、ニュートリノは左巻きで、右巻きが見つからないという話とも関係があります。もし、ニュートリノの質量がゼロであれば、ニュートリノは左巻きのみです。
　しかし、ニュートリノの質量がゼロではないことが、後述する「ニュートリノ振動」によって、わかりました。
　では、ニュートリノの質量がどこから来るかというと、右巻きと左巻きの両方あることによって質量をもつことができる、というのがディラック粒子説です。「右巻きがあることでニュートリノは質量をもてる」とするのがディラック粒子説、「いや、左巻きだけ、もしくは右巻きだけでニュートリノは質量をもてる」というのがマヨラナ粒子説です。

恒星の進化や銀河形成の メカニズムが見える

── リアルタイムな観察

　ニュートリノを観察することで何がわかるのか、何が見えてくるのかについて、具体的な話をしてみましょう。

● 太陽ニュートリノの観察で何がわかるか？

　先ほど、太陽ニュートリノでは、エネルギーの高いボロン（ホウ素 ^{8}B）が崩壊する時のニュートリノを観測するといいました。これは光では観測しきれない太陽の内部の様子、どんな反応が起きているのかなどを見るためです。

　図4−6−1に示すように、太陽の内部では、陽子から重水素（^{2}H）ができます。この重水素と陽子とが衝突しあって三重水素（トリチウム、^{3}H）、あるいはヘリウム3（^{3}He）ができ、さらにこのヘリウム3同士がぶつかると、ヘリウム4（^{4}H）ができます。さらに、ヘリウム4とヘリウム3がぶつかるとベリリウム（Be）ができる。ベリリウムと陽子（p）がぶつかるとボロン（^{8}B）ができ、そのボロンが崩壊するとき、やっと「ニュートリノ」ができます。

　このエネルギーが非常に高いので、私たちもニュートリノを見つけやすいのです。このような一連の反応（陽子→重水素→ヘリウム3→ヘリウム4（安定なヘリウム4をつくることは大事）……→ボロン→ニュートリノ）が太陽の中で起きています。ニュートリノを探ること

で、そのような太陽内部の様子がわかる、ということが1つあります。

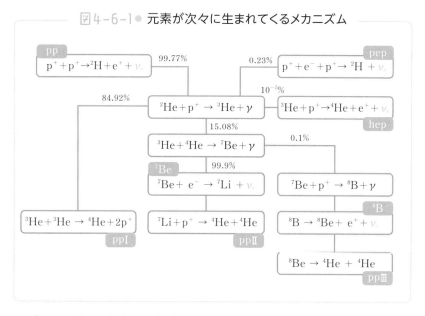

図4-6-1● 元素が次々に生まれてくるメカニズム

● 太陽の中の密度などがわかる

もう少し具体的に、太陽の中の何が見えるのかというと、**ニュートリノの観察を通じて、太陽内部の密度と温度などがわかる**のです。

いくつかの実験で太陽ニュートリノを検出し、比較することで、3世代のニュートリノのうち、どのニュートリノがどれだけ出てきたかがわかります。

次の図4-6-2は、現在のニュートリノの質量の、実験による絶対値の上限を表わしています。後に説明するように、質量差は正確に測られているのですが、絶対値の値は定まっていないのです。

太陽の内部の密度、その密度の勾配具合、表面に向かってどういう密度になっているかなどは、もちろん一様ではありえませんが、光での観測では伺い知ることができません。しかし、ニュートリノを使うことで太陽の中心は密度が高く（およそ15万kg/m³）、太陽表面は薄

いといったパラメータがわかります。温度などもニュートリノを観測することでわかります。

　また、**ニュートリノ観測の大きな特徴は、そのリアルタイム性**です。光は太陽の中心からなかなか出て来られません。出てくるのに1万年かかりますので、いま私たちが見ているのは1万年前の太陽中心の光です。

　ところが、ニュートリノはほとんど物質や光と反応しない特質がありますので、すぐに太陽表面まで到着（*）します。このため、**「いま、現在」の太陽の内部の状況・変化をリアルタイムに見ることができる**のです。

　以上、3世代のどのニュートリノが出てきたのか、太陽内部の密度、その傾斜、中心付近の温度、それらの変化などを地球にいながらにしてリアルタイムに捉えることができるのです。

図4-6-2 ● 標準モデルにおけるニュートリノの分類

フェルミオン	記号
第1世代	
電子型ニュートリノ	ν_e
反電子型ニュートリノ	$\overline{\nu}_e$
第2世代	
ミュー型ニュートリノ	ν_μ
反ミュー型ニュートリノ	$\overline{\nu}_\mu$
第3世代	
タウ型ニュートリノ	ν_τ
反タウ型ニュートリノ	$\overline{\nu}_\tau$

（*）太陽の半径は69万5000kmなので、およそ2.3秒くらいで太陽表面までニュートリノが出てくる。

4-7

カミオカンデが ニュートリノを捉えた！

── 超新星1987Aの爆発

　超新星爆発、特にII型の超新星爆発もニュートリノをつくります。超新星爆発、特にII型の超新星爆発というのは、重い恒星が死を迎えたとき、燃料が燃え尽きたために自分の重量を支えきれなくなって縮んでしまい、その反動で爆発する現象です。まるで新しい星が誕生したかのように明るく光るので、「超新星」と呼ばれていますが、実際には恒星の最後の姿です。

　超新星としては、Ia型と呼ばれる、まったく違うタイプの爆発もあります。白色矮星という太陽型の星が死んだあとに残されるコンパク

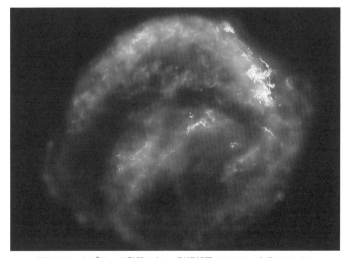

図4-7-1　ケプラーの発見したIa型超新星SN1604　出典：NASA

トな星にガスが降り積もり、チャンドラセカール限界という支えきれ
ない限界を超えると爆発するのです。2世紀には中国や日本で超新星
が記録され、歌人の藤原定家も「明月記」（1180 ～ 1235の記録）に
客星として記録しています。これは平安時代の陰陽師・安倍泰俊（安
倍晴明の子孫）が観測したものとされています。

　ティコ・ブラーエ（1546 ～ 1601）は1572年に通称「ティコの星
（SN1572）」を、ヨハネス・ケプラー（1571 ～ 1630）も1604年に「ケ
プラーの超新星（SN1604）」を発見・観測しています。これもIa型
超新星爆発です。なお、超新星はSN（Super Nova）と略され、発見
された年をSNの後に付ける習わしになっています。これは爆発の型
は区別しないので、注意が必要です。1987年に最初に発見された超
新星はSN1987Aのように表記します。

図4-7-2　超新星SN1987A　出典：ESA/Hubble

　超新星が誕生するときには、超高温になります。その好例が1987
年に発見された超新星1987Aで、ここから放出されたニュートリノ
が見つかったことで、その温度が数10MeV程度（1000億度）である

とわかりました。ニュートリノスフィアと呼ばれる、ニュートリノが閉じ込められた表面から出てくるのです。

　日本では小柴昌俊さんのグループが岐阜県・神岡鉱山の地下1000mに「カミオカンデ」という観測装置（初めは陽子の崩壊を観測目的としていた）を設置していました。1983年に完成し、1987年に入って「南半球で超新星爆発があった」という報告をカミオカンデも受け、実験データを見直してみたところ、見事に記録していたのです。これはカミオカンデの装置が超新星爆発よりもはるかに観測のむずかしい太陽ニュートリノを観測できるレベルのものであったことも影響したと考えられています。

　ニュートリノが天体から放出されると、通常は1ミリ秒（1秒の1000分の1）以内という、きわめて短時間での観測になると考えられていましたが、カミオカンデは10秒間もの長い間、正確なデータを取り続けていました。10秒あったということは、きわめて密度の高い星からニュートリノが閉じ込められた後、拡散しながら放出され、その後、まっすぐ地球に届いてきたことを示します。

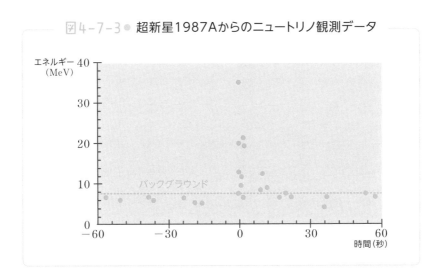
図4-7-3 ● 超新星1987Aからのニュートリノ観測データ

カミオカンデの成功に触発され、他の観測施設からも「自分たちも検出した」といった報告がありましたが、データの精度がまったく違っていました。

　このニュートリノ観測の功績によって、小柴先生は2002年にノーベル物理学賞を受賞されています。惜しくも、本書執筆中の2020年11月12日に逝去されました。最近、私の母校である加古川東高校理数科でもSN1987Aの講演をなさったと電子メールでやりとりしたことが思い出されます。謹んでお悔やみを申し上げます。

4-8

カミオカンデはどのようにしてニュートリノを捕まえたのか？

—— 地下1000m、超純水

　カミオカンデの場合、3000トンもの超純水を地下1000mにあるタンクの中に溜め込み、そこに1000本もの光電子増倍管を設置しています。観測装置が地下深くに設置された理由は、ニュートリノ以外にも陽子などの宇宙線が絶えず地球に降り注いでいるからです。これらは大気中の窒素原子と衝突してミュー粒子（電子の仲間：レプトン）などを生成しますが、これらは地中でエネルギーを失って止まってしまいます。

図4-8-1● カミオカンデの構造

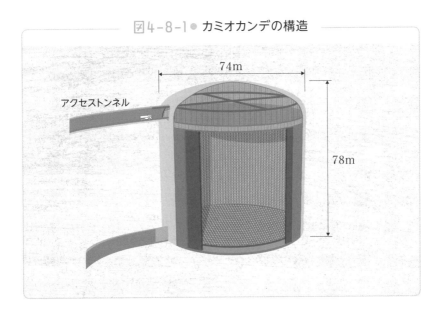

74m

78m

アクセストンネル

ところが、ニュートリノは他の粒子とほとんど衝突せず（作用せず）に地球を貫通していきます。ただ、ごくまれに水の中の陽子や電子などに衝突し、発光します。超新星ニュートリノは陽子、太陽ニュートリノは、主に電子に散乱します。これを観測するために必要なのが大量の水（3000トンの超純水）で、原子に衝突するチャンスをひたすら地下で待つことになるのです。

● チェレンコフ光とはどのような光か

　「光よりも速いものは存在しない」と考えている人が多くいますが、それは真空中でのことです。実際、高エネルギーの電子などが水の中の光速を超えることがあります。たしかに、真空中では光は1秒間に30万kmを走り、光よりも速いものは存在しませんが、真空以外の媒質、たとえば水中では光よりも速く移動できるものがあります。

　これは真空と他の媒質（水など）とで、メカニズムが異なるからです。光は何かの障害（粒子など）があると、散乱して遅くなります（擾乱）。ぶつかりながら進むため、その媒質の中では遅くなり、光速を超えてしまうものも出てきてしまう可能性がある、というわけです。

　たとえば、水中では光

図4-8-2　米アイダホ国立研究所で観測された
チェレンコフ放射

は秒速22.5万kmにすぎず、ニュートリノは光よりも高速で運動します。ニュートリノが電子などを弾き飛ばすと、その電子などが光速を超えることがあり、このときにチェレンコフ光が発光します。

チェレンコフ光は青から紫外までのもっと短い波長なので人間の目には青く見えます。原子炉では燃料を冷却するプールが青く見えますが、それはチェレンコフ光の青色によるものです。冷却プールでは放射性物質が少しずつ出てきますが、**放射性物質がはじき飛ばした電子などが水の中を走ったときに水中の光速を超えると、チェレンコフ光が発生し、青や紫に見える**のです。

カミオカンデでは3000トンの超純水、1000本の光電子倍増管が設置されていましたが、カミオカンデの後を継いだスーパーカミオカンデでは次のようになっています。

図4-8-3 ● 巨大水槽にニュートリノが入射してチェレンコフ光が生まれる

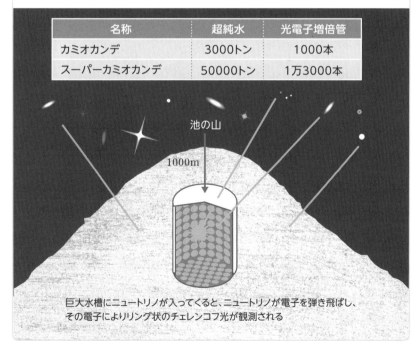

名称	超純水	光電子増倍管
カミオカンデ	3000トン	1000本
スーパーカミオカンデ	50000トン	1万3000本

池の山

1000m

巨大水槽にニュートリノが入ってくると、ニュートリノが電子を弾き飛ばし、その電子によりリング状のチェレンコフ光が観測される

図4-8-4 ● チェレンコフ光の発光のしくみ

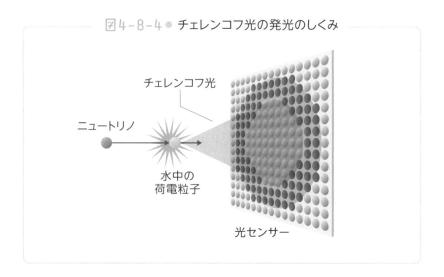

チェレンコフ光

ニュートリノ

水中の
荷電粒子

光センサー

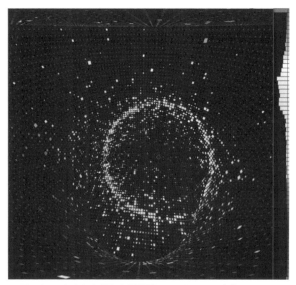

図4-8-5　とうとう捉えた電子型ニュートリノ　出典：KEK

● 超純水を使う理由は何か？

　観測装置では、通常の水ではなく、超純水という純度の高い水を使
用します。有機物や不純物をほとんど含まない水のことを純水と呼ん

でいますが、さらにレベルの高い水のことです。ニュートリノ観測などで超純水が使われるのは、その透過性の高さです。これはKEK（高エネルギー加速器研究機構）の前機構長の鈴木厚人さんがたいへんな苦労をされて実現したそうです。

　2025年の実験開始が計画されている**ハイパーカミオカンデ**は、現在のスーパーカミオカンデをさらに大きくしたものです。タンクの体積は26万トン、有効体積は19万トンで、現在のスーパーカミオカンデの約10倍です。

4-9

世界で進んでいる
変わり種の施設

—— ガズークス計画、アイスキューブ

日本には、世界を代表するニュートリノ検出装置があります。すでに説明してきたカミオカンデ（終了）、スーパーカミオカンデ（現行）、ハイパーカミオカンデ（2025年より予定）などですが、世界には少し変わり種の"水"を利用するものもあります。

まず、スーパーカミオカンデの計画の中にも、超純水ではなく、希土類元素のガドリニウムGdを溶かす方法も考えられていて、「ガズークス計画」（GAZOOKS）と呼ばれています。ガズークス計画ではチェレンコフ光が出るのに加え、中性子をガドリニウムに吸わせると別のガンマ線が出てくるというので、この2つを利用してニュートリノ検出の精度をさらに上げていこうという計画です。

2つめが、南極にある**アイスキューブ・ニュートリノ観測所**です。アイスキューブ（IceCube）では水の代わりに南極の分厚い氷、それも1km³もの氷を利用して観測します。スーパーカミオカンデは直径40m、高さ41.4mの円筒状のタンクで、MeVから数10GeV（10^{10}eV）の領域の観測ですが、アイスキューブでは100GeV（10^{11}eV）から100PeV（10^{17}eV）あたりの領域の観測が可能で、世界最大のニュートリノ観測施設といえます。

アイスキューブでは、氷と散乱した粒子を検出します。高エネル

ギーのミュー型ニュートリノが陽子にぶつかると、散乱して代わりに
ミュー粒子が飛びます。ミューニュートリノが飛んでくるとミュー粒
子が飛んで、氷の中でチェレンコフ光を起こすという事象を観測しま
す。

　これだけ大きなエネルギーとなると、純水を使う必要などなくなり
ます。太陽ニュートリノ、大気ニュートリノなどは、エネルギーが小
さいので純水でないと光が見えませんが、アイスキューブが対象と
するのは数100TeV級かそれ以上のエネルギーなので、多少曇ってい
ても大丈夫です。アイスキューブはダークマター（暗黒物質）起源の
PeVニュートリノを捉えたのではないかと話題になっています。その
ことについては、第3章の最後にとり上げることにします。

図4-9-1　アイスキューブの光電子増倍管

　他には、地中海の深さ2500mに位置するアンタレスニュートリノ
検出器（ANTARES）が2008年に稼働。12本の糸が70m間隔で配

置され、それぞれに75個ずつの光電子増倍管が取り付けられています。海水を検出媒体として利用しています。

　ANTARESの次の「KM3NeT次世代ニュートリノ望遠鏡」と呼ばれるチェレンコフの検出器もあります。これも地中海でやろうとしている方式で、完成すればアイスキューブを凌ぐ数km³の水チェレンコフ望遠鏡の規模となります。

　ただこの場合、純水ではなく海水を利用するために透明度が落ちますので、粒子のエネルギーが高くないと見えません。おそらく数10TeVクラス以上を念頭に置かざるをえないでしょう。

図4-9-2　地中海のアンタレスニュートリノ検出器

ガスークス計画、アイスキューブ

4 - 9

第 **5** 章

なぜ、「ニュートリノ振動」
が画期的なのか？

5-1

暗黒物質と暗黒エネルギーという不気味な存在

—— ダークマター、ダークエネルギー

● 銀河の観測から「見えない物質」を仮定

　現在、私たちが見ている人間、太陽、銀河、あるいは銀河団に至るまで、すべてのモノは少なくとも物質でできています。「物質こそ、宇宙を形づくるすべて」だと、長きにわたって人類は考えてきました。

　しかし、いまや私たち人間には見ることのできない物質が存在していることがわかってきています。それが「ダークマター」（暗黒物質）で、まるでSFのような名前が付いていますが実在しており、**私たちの見ている「物質」をはるかに凌駕する量が存在する**こともわかっています。

　1934年、スイスの天文学者フリッツ・ツビッキー（1898 〜 1974）が観測していた「かみのけ座銀河団」で、光学的な観測から推定できる質量に対し、周辺銀河の回転速度が速いことから、400倍以上の重力が欠損している（ミッシング・マス）と推測しました。その後、アメリカの天文学者ヴェラ・ルービンが1970年代にアンドロメダ銀河の観測で、周辺部の回転速度が中心部とほとんど変わらないことに気づき、光学的に推測できる質量の10倍ほどの量が見えていないことを発表しています。

　そして1986年、宇宙の大規模構造が観測されました。これは銀河の分布がまるで泡のような構造になっていて、この構造を形成するに

116

は質量が不足する事実が浮かび上がり、それを補填する考えとして従来より指摘されていた「見えない物質＝ダークマター」が仮定されたのです。

● 見えないけれど存在する？　ダークマターとは

　ダークマターは見えないと説明しましたが、もちろん、光（可視光）で見えないだけではなく、電波、X線など、どの電磁波を使っても検知できない（電荷がなく、相互作用が極めて弱いため）物質です。ですから「ダーク（暗黒）」と呼ばれているわけで、私たちは肉眼でも、X線でも何を使っても見ることができません。

　しかし、銀河の運動などを見ていると、「そこに見えている以上の重力（質量）がたしかに存在する」ということはわかるのです。それがダークマターです。

● 今度は見えないエネルギー「ダークエネルギー」とは

　実は、ダークマター以外にも、「見えないエネルギー」が存在することが徐々にわかってきています。本来、宇宙の膨張速度は遅くなっていくはずと考えられていましたが、1998年、1a型超新星（距離を精度よく推定できる）の観測により、宇宙の膨張が加速していることがわかったのです。その結果、この宇宙には見えないエネルギーとして「ダークエネルギー（暗黒エネルギー）」が満ちていると証明されたのです。しかも、その存在比はダークマターをも超える量だと推定されています。

　こうして、私たちの知っている「物質」、さらにダークマター、ダークエネルギーの構成比を示すと、図5-1-1や図5-1-2のように推定されています。

　この推定は2003年から宇宙マイクロ波背景放射（CMB）の観測を

始めた WMAP 衛星（アメリカ）が最初に構成比を明らかにし、その後、
2013年から観測を始めたプランク衛星 (*)（欧州宇宙機関）がさらに
精緻な数値を発表したものです。

図 5-1-1 ● WMAP 衛星とプランク衛星による比較

	ダークエネルギー	ダークマター	物質
WMAP衛星	74%	22%	4%
プランク衛星	68.3%	26.8%	4.9%

　これらを見ると、宇宙はわれわれの感知しない「暗黒の物質」「暗
黒のエネルギー」で充ち満ちているか、逆に言えばいかに通常の物質
が少ないかがよくわかります。

図 5-1-2 ●「物質」はわずか 4%にすぎない

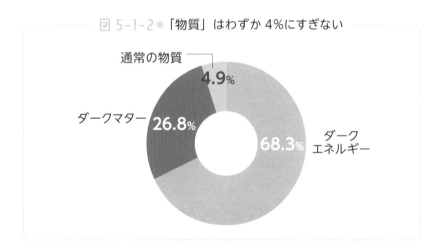

（＊）プランク衛星
欧州宇宙機関（ESA）が138億光年先にある宇宙マイクロ波背景放射（CMB）を観測するために
打ち上げた観測装置（人工衛星）。NASAのWMAP衛星が広視野・低感度なのに対し、対照的。
WMAP衛星がCMB地図を作成し、宇宙年齢を137億年で誤差はそのプラスマイナス2億年以内
としたが、プランク衛星はさらに詳細なCMB地図を作成し、宇宙年齢は138億年で誤差はプラス
マイナス6000万年以内と、より精緻な数字に書き換えた。

5-2

ダークマターの正体は
ニュートリノ？

── 軽すぎるニュートリノ

ダークマターには質量がありますから、なんらかの素粒子でできているのではないかと考えられます。宇宙初期につくられたミニブラックホール（原始ブラックホール）という説もあり、私も精力的に研究しているのですが、その解説は別の機会に譲ることにします。ダークマターの候補として既知の素粒子（17種）、さらには未知の素粒子が候補として考えられましたが、なかでも最有力候補であったのがニュートリノです。

なぜなら、**ダークマターには電荷がなく、他のいかなる物質ともほとんど相互作用せず、簡単にすり抜けることができる**からです。このダークマターの特徴はニュートリノとほとんど同じです。しかも、宇宙にはニュートリノが充満していることも知られています。このためニュートリノはダークマターの大きな候補だったのです。

しかし、「ニュートリノはダークマターの主成分にはなりえない」というのが、現在の物理学が出した結論です。なぜ、ニュートリノはダークマターの候補にはなりえないのでしょうか。

それは、**ニュートリノは大量に存在するものの、あまりに軽すぎる**からです。現在、ニュートリノの質量の値は確定していませんが、宇宙論的に許される3世代トータルの質量の上限値は約0.3 eVです。それに比べると、ダークマターとなれる質量である3世代のニュートリノ

の質量の総量が約9eVとなるためには、不足することが知られています。

　もう1つはダークマターであるためには、冷たい暗黒物質（コールドダークマター）と表現されるように速度がゆっくりでなければなりません。インフレーションがつくった密度ゆらぎである、ダークマターのゆらぎ（観測的にCMBのゆらぎと同じように空間的にゆらぐことが要請される）があり、その微妙な重力の偏りによって周囲のダークマターがさらに集まり、さらにその重力で周辺の原子を集め、いまの銀河ができたと考えられます。そのためには、ニュートリノは軽いため（ホットダークマター）、高速で飛び回りすぎています。これでは自分が固まるどころか、まわりの原子などまったく集められず、結果的に銀河をつくることはできません。

● ホットダークマター、コールドダークマター

　ここでホットダークマターや、コールドダークマターという考えを紹介します。「ホットダークマター」とは、ニュートリノのように「光速に近い速度で飛ぶ粒子がダークマターを形成している場合のものを指します。

　宇宙マイクロ波背景放射（CMB）は宇宙初期の温度のゆらぎを表わしていて、非常にわずかなムラ（ゆらぎ）が存在することを明らかにし、ダークマターも同様にゆらいでいることを明らかにしました。そのゆらぎの濃い部分に物質が落ち込み、銀河や銀河団などの大規模構造が作られたと考えられています。

　しかし、先ほども述べたように、光速に近い速度で動くニュートリノでは、この程度のわずかな初期ゆらぎから現在の銀河団をつくり上げることはむずかしいと考えられています。

　そこで、速度の非常に遅い未知の粒子を仮定したのが「コールドダークマター」です。コールドダークマターの候補としては、「超対称性

粒子」（SUSY粒子）の中でも光の超対称性パートナーのニュートラ
リーノ、アクシオンと呼ばれるこれまた仮想的な粒子、そして素粒子
ではありませんが、原始ブラックホールなどが「コールドダークマター
の候補」となります。ダークマターの候補として、このような未知の
粒子を仮定せずとも、標準モデルの範囲内でニュートリノはきわめて
よい候補だったといえます。

　しかし、ホットダークマターの例でもわかるように、ダークマター
の候補としては棄却されていることは、標準理論を超える新理論を探
求している素粒子物理学にとって、非常に大事なことです。

図5-2-1　CMBのゆらぎ　出典：ESA（再掲）

　では、ニュートリノは完全にダークマター候補から消えたかという
と、まだ、そうとも言い切れません。なぜなら、もし、ニュートリノ
に右巻きニュートリノがあれば、まだ、その質量や存在量がわかって
いないため、ニュートリノがダークマターである可能性が完全に失わ
れたわけではないからです。ただし、標準理論を超える理論の導入が
必要ですし、標準理論の左巻きのニュートリノしか発見されていない
状況から、その可能性は未定です。この件については、後の6章7節
で述べることにしましょう。

5-3

なぜ、地下深くでニュートリノ観測をするのか？

—— ミュー粒子の排除

　ニュートリノの観測では、カミオカンデ、スーパーカミオカンデなどが有名ですが、いずれも岐阜県神岡町の地下1000mに観測施設を設置しています。また、南極のアイスキューブでは地下1450m ～2450mの深さで観測をしています。

　このように、ニュートリノの観測を<u>地下深くで行なう理由は、観測に邪魔なものを消すため</u>です。とくにミュー粒子（電子の仲間）、あるいは宇宙線の中に含まれる他の粒子の影響を排除することが最大の目的です。

　大気ニュートリノのときに説明したように、宇宙線の主要成分である陽子が地球に降ってきたとき、大気の窒素原子や酸素原子などに衝突します。

　宇宙線の陽子と窒素原子の中の陽子が衝突すると、そこでパイ（π）中間子が大量につくられます。パイ中間子の寿命はたいへん短いのです。中性パイ中間子 π^0 はすぐに2つの光子に崩壊します。荷電パイ中間子 $\pi^\pm$ は寿命が約1億分の2秒（0.00000002秒）ほどで崩壊します。そして、π^- はミュー粒子と反ミュー型ニュートリノに崩壊します。

　パイ中間子に対し、**ミュー粒子はかなり長生き**です。相対論的効果というものがあり、エネルギーが高い場合、その寿命（2.2×10^{-6}秒）が延びるという効果があります。π^- の崩壊により、電子と反電子型

ニュートリノと、ミュー型ニュートリノが生成されます。1つのπ^-の崩壊により、電子、反電子型ニュートリノ、ミュー型ニュートリノ、反ミュー型ニュートリノがつくられるのです。逆に、1つのπ^+の崩壊により、陽電子、反電子型ニュートリノ、ミュー型ニュートリノ、反ミュー型ニュートリノがつくられるのです。

しかも、ミュー粒子は電荷をもっていますので電磁相互作用をするのですが、強い相互作用をするわけでもなく、長寿命で重いため比較的透過力が強く、一部は地中にも入ってきます。電子より200倍も重いため、電荷をもっていても、このようにより止められにくいという性質を持っています。

しかし、さすがに地下1000mといった深くに観測施設を置くと、ミュー粒子も入って来られなくなります。こうして「ニュートリノだけを検出したい」という目的にも、地下の観測施設は合致するのです。

ちなみに、カミオカンデもスーパーカミオカンデも、主な設置目的は「ニュートリノ検出」ではなく、「水分子中の陽子の崩壊」を観測することでした。こちらが未検出なのは、たいへん皮肉なことです。

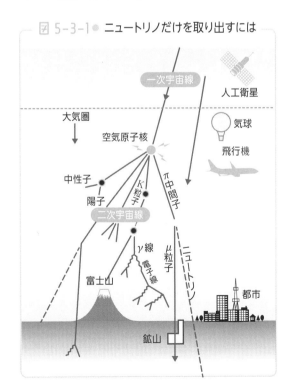

図 5-3-1 ● ニュートリノだけを取り出すには

5-4

ピラミッドの内部さえ 透視する技術

—— ミューオグラフィ

　前節では、「ミュー粒子も地中に少し入ってくる」といいました。透過力が強いという意味は、透過する際、ほとんど散乱しないという意味ですが、言い換えると、「たまには散乱する」ということです。

　たとえば、火山をミュー粒子が透過する、透過しないということを利用して、火山の中の物質の様子、構造を撮しとることができます。また、ピラミッドの中に検出器を置いて、ミュー粒子が透過する、透過しないということを利用して、ピラミッドの中にまだ知られていない部屋や通路がないかどうかも、KEKや名古屋大学など日本の研究者の技術を用いて調べられています。

　これは「ミューオグラフィ」という技術で、火山学・地震学、あるいは古代歴史学など、さまざまな分野にいろいろな素粒子の特性が活かされているのです。

　逆にいうと、ミュー粒子の特性は、ニュートリノを観測するには先ほども述べたように油断大敵です。中途半端な深さでは危ないので、カミオカンデ、スーパーカミオカンデは地下1000mの深さにつくられました。

　ただし、1000mの深さまで掘って、その中に巨大な水タンクをつくるのは大変です。しかし、神岡鉱山の後を利用することで、山の上から測れば1000mの鉱山の中に巨大な水タンクを設置することがで

きました。ただし、地表からはそれほど深くない地点です。

図 5-4-1 ● 火山の中も調べられるミューオグラフィ

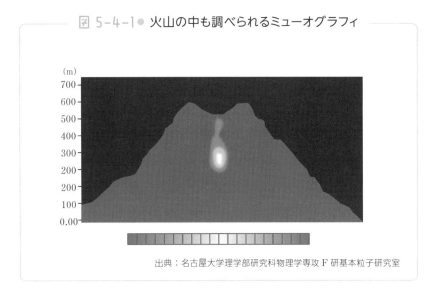

出典：名古屋大学理学部研究科物理学専攻 F 研基本粒子研究室

図 5-4-2 ● スーパーカミオカンデの構造

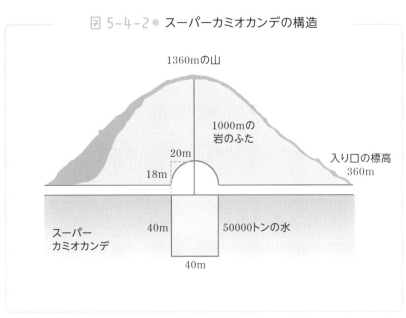

5-5

「ニュートリノ振動」で ニュートリノが変異した！
──梶田博士の大発見

　ニュートリノは長らく、「質量がない、光速と同じ速度で飛ぶ、ほとんど作用しない（衝突をしない）、電荷がない」──といった特徴をもつことが物理学者の間で信じられていました。素粒子の標準模型（標準理論）も、ニュートリノに質量がないことを前提に組み立てられていて、現実と理論とをうまく説明してきました。

　しかし、実験により「ニュートリノには質量があるのかも知れない」と気づいた日本人がいました。梶田隆章さんです。梶田さんが東大の小柴研究室に入った頃は、カミオカンデの建設が始まっていた時期です。もともと、カミオカンデは「陽子崩壊」の観測が主目的でしたが、なかなか成果が上がりません。

　そこで陽子崩壊の観測精度を上げる目的で大気ニュートリノのデータを調べていたところ、不思議なことに気づきました。上空からやってくるミュー型ニュートリノの量は理論計算通りなのですが、地球の裏側からやってくるミュー型ニュートリノの数が理論値に比べ、半分以下の量しか無かったのです。

　自身の勘違いの可能性も含め、何度もデータを見直し、「間違いない」ということで1988年に「ミュー型ニュートリノの数が少ないのは、ニュートリノ振動が原因かも知れない」と発表しました。

　ところが、タイミングの悪いことに海外から「ニュートリノの数は

減っていない」という逆の論文が出たことなどもあり（後でその論文には誤りがあることが判明）、自身の説に納得性をもたせるためにも、さらに多くのデータを集める必要性を感じたそうです。しかし、カミオカンデではデータ量が絶対的に不足したのです。

その後、カミオカンデの15倍の性能をもつスーパーカミオカンデが完成したことで十分なデータ量を集めることができ、大気でつくられるニュートリノに関して、「ニュートリノ振動が間違いなく起こっている」ことを確信し、1998年に岐阜県・高山市での国際会議で発表。このときの精度は6.2σ（シグマ）だったといいます。

σ（シグマ）とは統計学での標準偏差を指し、「間違いなのに、たまたま正しいと判断される誤った確率」を表わすときに使われます。一般に、統計学ではそのような間違いは5％（2σ）、あるいは0.3％（3σ）で許容されることが多いのですが、素粒子の確認などではさらに厳密性が要求されます。

梶田さんの「6.2σ」というのは、間違いである確率は0.000000057％（1億回に5～6回）ときわめて厳密なものでした。

こうして、「ニュートリノ振動が起きている」ことが確定し、その会議において、「ニュートリノには質量がある」ことも多くの研究者に認められることになったのです。

● ニュートリノ振動とは何か？

スーパーカミオカンデは地下1000mの深さに設置されています。上空から降りて来た大気ニュートリノは理論計算通りの量を計測していました。

もう1つ、地球の裏側からやって来る大気ニュートリノもスーパーカミオカンデは捉えることができます。それはどうだったのでしょうか。

図 5-5-1● 上空からと地球の裏側からで量が違った!

大気中で発生したニュートリノ

大気ニュートリノ
の振動現象

ミュー型
真上から飛来する

飛行距離が
短いため
変身しない

スーパー
カミオカンデ

飛行距離が長いため
タウ型に変わり
ミュー型は半減した
(振動現象)

地球を貫通して
真下から到達する

ミュー型

質量の証拠検出

図 5-5-2● 理論値と観測データが一致した

スーパーカミオカンデの実験

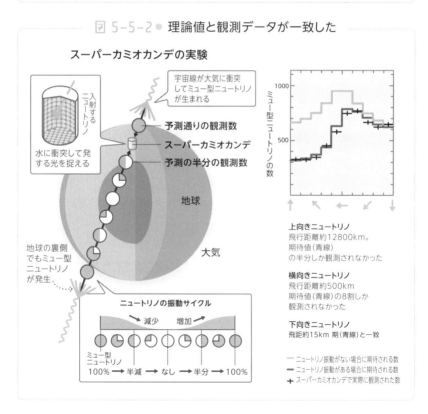

入射する
ニュートリノ

水に衝突して発
する光を捉える

宇宙線が大気に衝突
してミュー型ニュートリノ
が生まれる

予測通りの観測数

スーパーカミオカンデ

予測の半分の観測数

地球

大気

地球の裏側
でもミュー型
ニュートリノ
が発生

ニュートリノの振動サイクル

減少　　増加

ミュー型
ニュートリノ
100% → 半減 → なし → 半分 → 100%

上向きニュートリノ
飛行距離約12800km。
期待値(青線)
の半分しか観測されなかった

横向きニュートリノ
飛行距離約500km
期待値(青線)の8割しか
観測されなかった

下向きニュートリノ
飛距約15km 期(青線)と一致

―― ニュートリノ振動がない場合に期待される数
―― ニュートリノ振動がある場合に期待される数
＋　スーパーカミオカンデで実際に観測された数

　地球の裏側からやって来た大気ニュートリノは、カミオカンデと同様、スーパーカミオカンデでも理論予測の半分しか計測できなかったのです。それは先ほど述べたとおりです。

　スーパーカミオカンデでは電子型ニュートリノではなく、地中の物質中を通ってくるときに衝突確率のより低いミュー型ニュートリノの計測に着目していました。というのは、衝突により減ったという仮説も発表されていたからです。

　ですから、理論予測の半分しか検出することができなかったのは、衝突による減少の効果ではなく、「一定距離」を飛んで来た（上空からの飛来より距離が長い）ことによる減少に違いないという点が重要です。実は、今回は

　　「ニュートリノが一定距離を飛んでくると、『ミュー型→タウ型』
　　　のように周期的にニュートリノの世代が変わる」

という考え方です。

　このように、ニュートリノが他の世代のニュートリノに変わることを「振動する」といい、ニュートリノ振動（＊）と呼んでいます。

図 5-5-3 ● ミュー型ニュートリノがタウ型に変わった

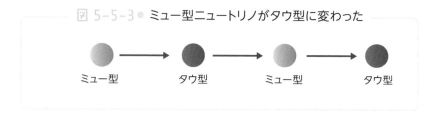

ミュー型　　　　タウ型　　　　ミュー型　　　　タウ型

（＊）ニュートリノ振動
3世代のニュートリノ（電子型、ミュー型、タウ型）が、一定の距離を進んだ後に別の世代として観測される現象をいう。それぞれの存在確率はニュートリノが進行するなかで周期的に変化する。この変化を「ニュートリノ振動」という。**このような変化（振動）が起きるのは、ニュートリノが質量をもっている証拠**とされる。素粒子の標準モデルでは、ニュートリノは質量をもたないことを前提としており、梶田隆章さんの「ニュートリノ振動（ニュートリノには質量がある！）」の発見は、標準モデルの修正を余儀なくしている。

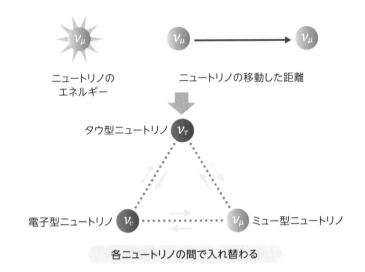

図 5-5-4 ● 一定距離を移動すると、ニュートリノ間で入れ替わる

ニュートリノの
エネルギー

ニュートリノの移動した距離

タウ型ニュートリノ ν_τ

電子型ニュートリノ ν_e　　　　　　　　ν_μ ミュー型ニュートリノ

各ニュートリノの間で入れ替わる

ニュートリノ振動は波の重ね合わせ

――「うなり」に相当する現象

　量子力学が教えるように、光子（光）が粒子でもあり、波でもあるように、質量の小さいと期待されるニュートリノも粒子であり、波だということはよく知られています。

　図5-6-1のように、ミュー型ニュートリノ、タウ型ニュートリノの波形は質量の違いに起因してお互い異なります。周期は質量に反比例するのです。

　しかし、実はミュー型ニュートリノが飛んでいるとき、実際にはミュー型ニュートリノとタウ型ニュートリノの波を重ね合わせた形で飛んでいる、と考えるのです。

　2つの異なる周期の波が重ね合わされると、振幅が大きくなったり小さくなったりを、質量の差に反比例する周期で繰り返します。これは音でいうところの「うなり」に相当する現象です。

　このとき、ミュー型ニュートリノの成分が多いときにはミュー型ニュートリノの姿が現れ、一定距離を飛んで（一定の周期を経て）今度はタウ型ニュートリノの成分が多くなるとタウ型ニュートリノの姿が現れると理解するのです。

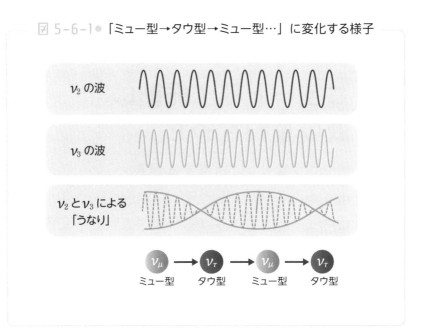

図 5-6-1● 「ミュー型→タウ型→ミュー型…」に変化する様子

ν_2 の波

ν_3 の波

ν_2 と ν_3 による「うなり」

ν_μ → ν_τ → ν_μ → ν_τ
ミュー型　　タウ型　　ミュー型　　タウ型

これが「ニュートリノ振動」のしくみです。これはミュー型ニュートリノ、タウ型ニュートリノの間だけでなく、

「電子型ニュートリノ ←→ **ミュー型ニュートリノ**」

「**タウ型ニュートリノ** ←→ 電子型ニュートリノ」

の間でも同様のしくみが働きます。

　大気によりつくられたミュー型ニュートリノの場合には、エネルギーと距離の関係が、偶然ですが、

「**ミュー型ニュートリノ** ←→ **タウ型ニュートリノ**」

の振動を見つけるのにちょうどよかったため、観測されたのです。

5-7

電子型がミュー型の ニュートリノに変わる

―― 太陽ニュートリノのMSW効果

　前節では、大気ニュートリノの事例（梶田さんの発見例）を用いて、ニュートリノ振動をざっくりと見てきましたが、ここでは太陽ニュートリノの事例でニュートリノ振動を見てみましょう。

　太陽からのニュートリノは宇宙空間の真空中を飛んできますので、ぶつかるものは何もないと考えます。その際に他のニュートリノに変化することを「真空振動」（バキューム振動）と呼んでいます。これはすでに大気ニュートリノでも説明したことですが、大事なことなので再度、説明しておきます。

　なぜ、ニュートリノが振動（世代が変わる）するかというと、「エネルギーが同じであっても、質量が違うと有効的な運動量が変わってくる」ということです。これはアインシュタインの特殊相対性理論で示されることです。エネルギー E が一緒でも質量 m が違うと運動量 p が変わってきます。

　式で表わすと、次のようになります。

　　運動量 $p = \sqrt{E^2 - m^2}$

　つまり、この式の質量の値が0か、ある値があるかで運動量がまったく違ってくるように見えます。

　次のグラフを見てください。2つの波 ν_1、ν_2 が混ざっていて、左

端のように一致しているときが「ミュー型ニュートリノ（ν_μ）」だとします。この2つの波は質量が違うため、飛んでいるうちに少しずつズレていきます。運動量が違うためです。

そしてグラフの真ん中では、振動の位相が完全に逆になりました。この状態を「電子型ニュートリノ（ν_e）」と呼ぶわけです。

それがまた同じ一定距離を飛んでいくと、周期の位相が戻って「ミュー型ニュートリノ（ν_μ）」に戻ります。

図 5-7-1● 飛んでいる間に位相がずれる

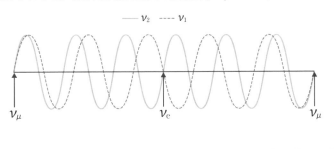

エネルギー（E）が共通でも、質量が違う2種類のニュートリノが混ざっていると位相がずれてくる（特殊相対性理論では運動量 $p=\sqrt{E^2-m^2}$ ）

―― ν_2　---- ν_1

ν_μ　　　　ν_e　　　　ν_μ

波の位相がずれていき、ミュー型ニュートリノになったり電子型ニュートリノになったりが繰り返されます。これが「真空振動」（vacuum oscillation）のしくみです。どこの時点で見るかによって、ニュートリノの種類は違ってくるということです。

● MSW効果とは

太陽ニュートリノの研究によってわかった現象として、MSW効果というものがあります。これは太陽ニュートリノと大気ニュートリノに起こる振動の違いに関係しています。

先ほど述べたように、宇宙空間の真空中を飛んでいると、ぶつかる

ものは何もありません。その際に他の世代のニュートリノに変化することを「真空振動」（バキューム振動）と呼びました。

それに対して太陽でつくられた電子型ニュートリノなどの場合は、太陽の中で「物質中を通過するタイプ」です。ニュートリノはほとんど相互作用をしない（衝突・散乱しない）とはいっても、「弱い相互作用」があるため、多少はぶつかりあいます。電子型ニュートリノは、他のミュー型ニュートリノやタウ型ニュートリノよりも物質中の電子と衝突しやすいのです。この衝突の効果は「ニュートリノの動きにくさ」と解釈されます。

ヒッグス場のときにも説明しましたが、**素粒子の動きにくさは、質量と関係**しています。この場合、電子型ニュートリノが太陽の物質中で、付加的な質量を獲得したことを意味します。この質量差を使って振動するのです。より正確には、振動というような周期は現れず、電子型ニュートリノがミュー型ニュートリノに共鳴的に移り変わる現象です。

このため、太陽の中の物質中では、他のニュートリノに変化する確率は真空振動のときとは違ってきます。これは太陽ニュートリノの研究によって初めてわかったことで、MSW効果と呼ばれています。

なお、MSWとは、最初にこの問題を解明した3人の理論家、ロシア人のミケーエフ（Mikheyev）とスミルノフ（Smirnov）、アメリカ人のヴォルフェンシュタイン（Wolfenstein）の頭文字をとったものからきています。

他の、MSW効果として、太陽ニュートリノが地球の物質中を通ってくるときに起こる場合が知られています。つまり、夜には太陽は地球の裏側にありますので、太陽でつくられたニュートリノはこの場合、地球の物質中を通ってくることになります。その場合、昼と夜とでは

ニュートリノの量が少し違ってきます。これをデイナイト・エフェクト（昼夜効果）といいます。その量の違いも計測しています。

図5-7-2 ● 昼夜でニュートリノの量が異なる「デイナイト・エフェクト」

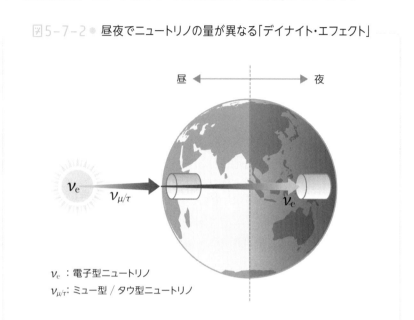

ν_e：電子型ニュートリノ
$\nu_{\mu/\tau}$: ミュー型 / タウ型ニュートリノ

ニュートリノの理論計算と実測値の食い違い

—— 太陽ニュートリノ問題

図5-8-1のグラフは、ニュートリノの検出数について理論値（理論計算）と観測値（実測値）とが全然合わない、観測値のほうがはるかに少ない、ということを端的に表わしたものです。ニュートリノの検出量は少ないケースでは1/3しかありません。これが「太陽ニュートリノ問題」と呼ばれるものです。

グラフを見てみましょう。棒グラフのそばに、実験を行なった施設名（カミオカンデ、スーパーカミオカンデ、欧州ガレックスなど）、そして実験に使った検出方法（水、ガリウムなど）が表わされています。

最初のSage（セージ）、Gallex（ガレックス）/GNOですが、これらは1990年代にガリウムを使って太陽ニュートリノを捉えようとした施設です。Sageはロシアの実験施設で60トンのガリウムを使用しています。Gallex/GNO実験はヨーロッパの施設で、同じくガリウムを30トン使用しています。Gallexはイタリアのアブルッツオ近くに位置するグラン・サッソ山（2912m）の地下3200mにある施設です。

精度のよいニュートリノ実験は、日本のカミオカンデ、スーパーカミオカンデの施設、あるいはカナダのSNO（スノー）実験に引き継がれることになります。カナダのSNO実験は1000トンの重水（H_2O_2）を球状容器に入れ、2002年から観測が始まりました。グラフを見るとわかるとおり、全ニュートリノ数は理論値に近く、電子型ニュート

リノは1/3程度を観測しています。

　日本のカミオカンデ、スーパーカミオカンデは重水ではなく、超純水（不純物を少なくした水）で、理論値に比べ1/2から1/3のニュートリノ量をカウントしています。

図 5-8-1 ● ニュートリノの検出方法と施設名

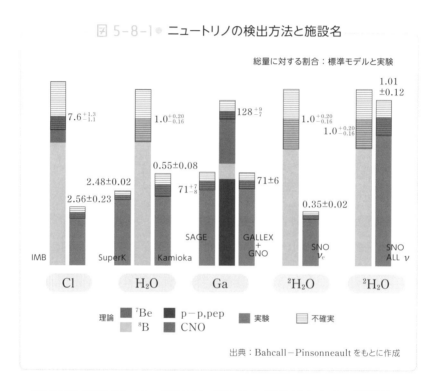

出典：Bahcall–Pinsonneault をもとに作成

　理論値と観測値には、統計的に平均値と誤差が出ます。観測値には、さらに系統的な誤差を含むと考えるのが一般的です。平均値だけをとると明らかに少なすぎることをこのグラフは示しています。このグラフで、「不確実」とは誤差を表わしています。つまり、誤差を最大限に見ても（甘くとってみても）、理論計算で予想したニュートリノの量よりもはるかに少ない、ということがわかります。

地球誕生の謎を
ニュートリノで探る

── ニュートリノ地球物理学の誕生

ニュートリノを使って地球内部を観察すると、面白いことがわかります。それは地震や火山活動、マントル対流、さらには地磁気に至るまで、地球のダイナミクスを直接観察できることです。これは現在、「ニュートリノ地球物理学」と呼ばれています。

いま、具体的な話としてあげたいのは、

①地球が微惑星から固まったときの熱生成

②放射性同位体、ウラン崩壊での熱生成

の割合が明らかにされる、ということです。

その主役となったのがKamLAND（＊）（ニュートリノ科学研究センター：カムランド）です。岐阜県神岡のカミオカンデは1996年にその役目を終えましたが（同年、後継のスーパーカミオカンデが稼働した）、その旧カミオカンデの跡地に建設されたのがKamLANDで、2002年1月より稼働を始めています。KamLANDは東北大学のニュートリノ科学研究センターによる反ニュートリノ検出器で、より低いエネルギーのニュートリノを捉えることができます。

地球の内部奥深くでは、微惑星から固まったときの原始の熱生成が

（＊）KamLAND
Kamioka Liquid Scintillator Anti－Neutrino Detector（神岡液体シンチレータ反ニュートリノ検出器）の略。ニュートリノだけでなく、反ニュートリノの検出も目的とする。地球内部の核反応を検出することで、地熱の検証なども行なう。

残っています。宇宙の塵や微惑星の衝突によって、その重力エネルギーは熱エネルギーに変換されます。このときの熱エネルギーの一部は地球内部に捉えられ、地球を温めるのに使われました。また、重い鉄が地球内部に沈み込むとき、やはり重力エネルギーが熱エネルギーに変換されました。これらのエネルギーが現在の地球内部の高温部をつくり、その熱がしだいに外側に運ばれています。これが上記の①の熱生成です。

　もう1つ、マントル付近では、ウラン、トリウムなど放射性元素が崩壊することによる熱生成があり、これらが地熱をつくっています。地球を構成する岩石中には、微量ながら放射性同位体が含まれています。その主なものはウラン、トリウム、カリウムで、これらが自然崩壊するときに熱を発生します。とくに花崗岩や玄武岩はかんらん岩（橄欖岩）などにくらべて発熱量が多く、放射性同位体は地殻に濃集していることがわかります。

　放射性同位体は時間とともに減少していきます。地球全体に含まれる放射性同位体の量がコンドライト（球状の粒子をもつ石質隕石）に含まれるものと同じだと仮定すると、現在では崩壊熱は1年に9.5×10^{20}J／年、地球誕生の45億年前では7.2×10^{21}J／年となります。

● KamLANDの功績

　さて、地熱を研究することは地磁気の生成、マントルの対流だけでなく、地震・噴火のメカニズム、地球のダイナミクスを理解していく上で非常に重要なテーマです。

　一方、地熱は地球が宇宙の塵や微惑星から固まって現在の地球を生成していくプロセスだという意味でも、その解明が待たれるところです。

　ところが、これまでは地球の熱生成をダイレクトに調べる手立てが

ありませんでした。ここにKamLANDの意義があります。たとえば放射性同位体のウラン、トリウムなども、反電子型ニュートリノ（反粒子）を放出します。KamLANDはニュートリノだけでなく、反ニュートリノにも感度があります。2005年にはすでに地球反ニュートリノ観測に成功し、「ニュートリノ地球物理学」ともいうべき新ジャンルを開拓していました。

さらに2011年にはニュートリノ観測の精度を向上させ、地球反ニュートリノの事象を観測した結果、先ほどの②、つまり

②放射性同位体、ウラン崩壊での熱生成……21兆ワット

であることの測定に成功しました。これは隕石の分析結果による約20兆ワットという推定値ともよく一致しています。

地表での熱流量は44兆2000億ワットとされています。ということは、放射性同位体の崩壊による熱生成は、ちょうどその半分であり、さらにいえば、①の微惑星からの熱生成とほぼ同じ、1：1であるということです。これによって、地熱の生成源を放射性物質にすべて求める考え方を排除したのです。

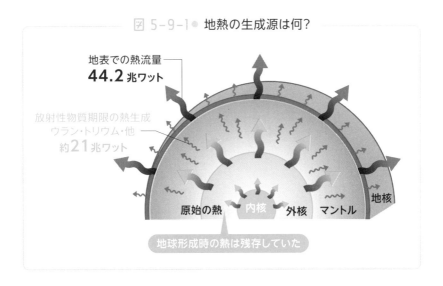

図 5-9-1 ● 地熱の生成源は何?

地表での熱流量
44.2兆ワット

放射性物質期限の熱生成
ウラン・トリウム・他
約**21兆ワット**

原始の熱　内核　外核　マントル　地核

地球形成時の熱は残存していた

第6章

ニュートリノが
「新しい素粒子物理学」
を拓く

6-1

 ミクロの素粒子研究が、
マクロ宇宙を解明する

—— ウロボロスの蛇

　宇宙について講演をしていると、素朴な疑問としてよく尋ねられる
のが、「なぜ、ミクロの素粒子を研究していると、大きな宇宙を知る
ことにつながるのか」という質問です。ニュートリノも素粒子ですの
で、少しその辺りから説明を始めましょう。

　この図6−1−1は、「ウロボロスの蛇」というものです。シッポ部

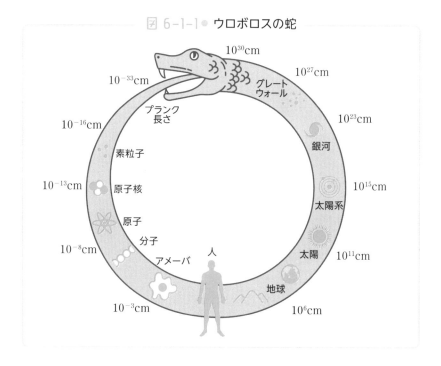

図 6-1-1 ● ウロボロスの蛇

10^{30}cm

10^{-33}cm

10^{27}cm

グレート
ウォール

プランク
長さ

10^{-16}cm

10^{23}cm

素粒子

銀河

10^{-13}cm

原子核

10^{15}cm

太陽系

原子

分子

10^{-8}cm

太陽

10^{11}cm

アメーバ

人

地球

10^{-3}cm

10^{6}cm

分のように細くなっていくにしたがって、小さなスケールを表わしています。

　私たち人間がちょうど図の真下にいます。これが 10^2cm ぐらいです。次のスケールではいきなりアメーバのサイズになっています。10^{-3}cm です。

　これをどんどん小さくしていくと、分子、原子が顔を出し始め、それを構成する原子核、さらには素粒子が出てきます。最後は「プランク長さ」の 10^{-33}cm まで書かれています。この「プランク長さ」が宇宙で最小と考えられる長さです。既存の物理学ではゼロという長さはないのです。かならず有限の長さまでしか小さくできなくて、それがプランク長さなのです。

　この点は、似たような学問と思われがちな数学とは非常に異なる点です。数学では、厳密なゼロが存在し、そのことが公理（Axiom）の一つとなって定理などが構築されている場合が多いからです。「厳密なゼロが存在しない」ということこそ、物理学的な考え方ともいえるかもしれません。

　反対に、スケールを大きくしていくと、山があり、地球、太陽があり、銀河があります。その銀河の集まりである銀河団、さらに大きな超銀河団へとつながっていきます。この超銀河団の一種はグレートウォールという名前で呼ばれることもあります。グレートウォールとは英語で「万里の長城」のことです。

　実は、宇宙のような大きなスケールの起源に関する研究をする場合に、小さなスケールのものを研究しなければならない場合が非常に多いのです。簡単にいうと、宇宙は生まれてまもなくは、とても小さかったからです。その宇宙誕生のときの様子・現象を知るには、宇宙を構成する最も小さな単位である「素粒子」を研究する必要があるということなのです。

6-2

物理学は宇宙のどこでも 通じるサイエンス

—— 宇宙の時間を遡る

● タンパク質の材料も宇宙から

　宇宙は現在、どんどん急速に膨張しています。そこで時計の針を逆回転させて過去に戻ると、宇宙はどんどん小さくなる。物質を急に圧縮して体積を小さくすると高温・高圧になるように、宇宙をどんどん小さくしていくと温度も超高温になります。そうすると、物質はその姿を維持できなくなり、全部ばらばらになっておおもとの「素粒子」になってしまいます。

　というわけで、その素粒子の謎を明らかにしない限り、その後の宇宙を解明することはできません。また、今後、宇宙がどうなるかもわかりません。だから、私が所属するKEK（高エネルギー加速器研究機構）では、素粒子物理学を研究し、宇宙の起源、宇宙の未来を推測するという、人類の英知の発展に貢献しようとしているのです。

　現在の宇宙は、宇宙誕生の頃とは違い、超高温どころか、宇宙全体で見れば温度は絶対温度で約3K（−270℃）と知られています。宇宙の始まりの頃に、宇宙全体で素粒子が衝突し合うことで、ヘリウム4などの軽い元素がつくり出されました。「ヘリウム4」のヘリウムの後の数字は、4つ核子をもつという意味です。陽子が2個で中性子が2個なのです。

　宇宙初期では、宇宙全体で起こる、ほとんどのプロセスで2個の元

素がぶつかることで、もっと重い元素がつくられてきました。ビッグバン元素合成です。その後、恒星の中の反応により、炭素などの、より重い元素もつくられました。現在の宇宙では生物の力などを借りて、炭素などの元素からアミノ酸やタンパク質が合成されます。

　タンパク質をつくるためには、もとをたどれば炭素が必要不可欠な原料なのです。この炭素という重要な元素は恒星の中でちょっとした稀な現象を通じてつくられてきました。

　若い恒星は水素を燃やしてヘリウム4をつくりながら、それによって発生した熱による圧力によりその形態を保っています。恒星の中の高圧・高密度を利用して、このヘリウム4が3個同時にぶつかったときのみ、炭素が生まれます。2個同士の衝突の確率より、3個同時に衝突する確率が、ものすごく低いことはおわかりになると思います。そうした恒星の中で小さな元素同士の極めて稀な反応によって、初めて炭素ができるのです。

　「炭素」こそ、私たちの身体をつくる上で、いちばん大事な元素なのです。

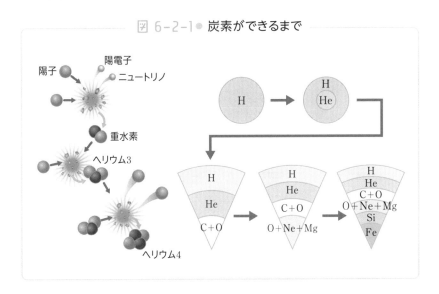

図 6-2-1 ● 炭素ができるまで

● 時間を遡る

まず、「星（恒星）の中の物理」を知ることが大事です。突き詰めていくと、いま、ヘリウム4が必要だと述べましたが、ヘリウム4ができるのは宇宙が始まって約3分ぐらい後のことです。もう少し幅を見ていうと、1秒〜5分の間です。

そこで過去に遡って見ていくことにしましょう。その頃の宇宙はとても小さく、密度が凝縮していたために、温度は1億度（K）〜10億度もありました。圧力は気圧の1京倍から1垓倍ありました。そんな超高温・超高圧の条件のとき、ようやくヘリウム4ができました。ヘリウム4ができなければその後の炭素はできていないし（図6-2-1）、

図 6-2-2 ● クォーク、陽子、原子……がつくられていった

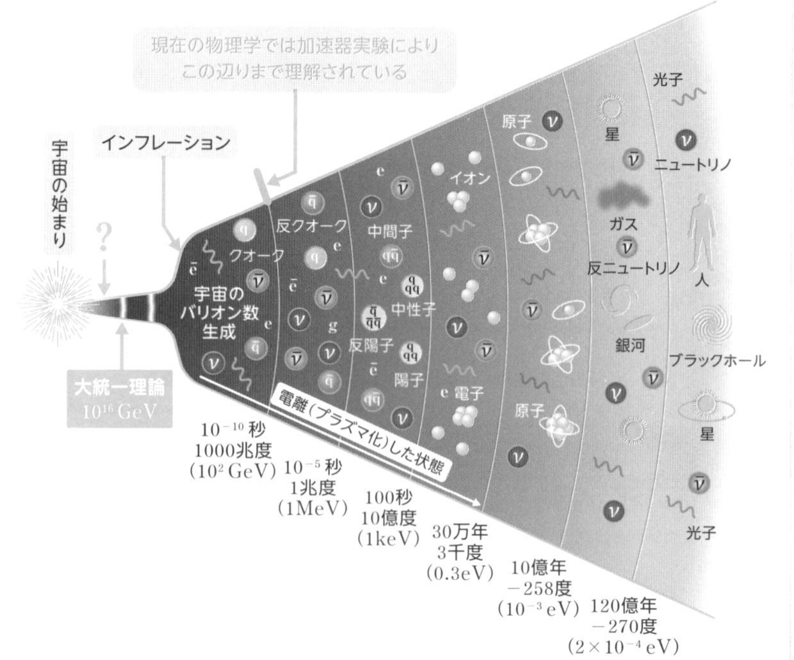

人類も生まれていません（図6−2−2）。

　さらに過去に遡って宇宙を小さくしていくと、どうなるでしょうか。ヘリウム4などはバラバラになり、もっと細かな原子核、さらに遡れば原子核をつくる陽子と中性子が飛び回っている状態を見ることができます。

　これで終わりではなく、陽子や中性子はクォーク（陽子や中性子をつくっている）とそれをつなぐグルーオンに分解されます。また、光子はもちろんのこと、電子やニュートリノなどのレプトンも多量に存在しています。初期宇宙はそうした様々な素粒子のいっぱい入ったスープのような状態になっていたのです。

● 粒子と反粒子とが対生成・対消滅する宇宙初期

　陽子と中性子がつくられるのは、エネルギーがだいたい数100MeVぐらいのときです。1eV＝1万度（K）でしたから、100MeV＝10^8万度（K）、すなわち宇宙が数兆度（K）の超高温の時代です。

　時間にすると、宇宙誕生から約10^{-4}秒（約0.0001秒後）ぐらいに、陽子と中性子が生まれます。人間の時間の感覚からすると、これも宇宙誕生直後と呼んでも過言ではありません。

　さらに時間をより昔に戻していきましょう。陽子と中性子というのは「物質」です。仮にこれらを「正の物質（粒子）」と呼んでおくと、反粒子と呼ばれる「負の物質」（＊）、つまり反物質も存在していたはず、と素粒子物理学では考えます。粒子と反粒子が衝突すると、大きなエネルギーを出して同じ数だけ消滅します。これが対消滅です（逆に、粒子・反粒子が生まれるのが対生成）。

（＊）負の物質
本来、「正の物質（粒子）」「負の物質（粒子）」ということはないが、便宜上、現在残っているほうを「正の物質（粒子）」と呼ぶことがある。

ここで、なぜ現在、反物質は存在しないのか、なぜ正の物質ばかりができるのかという問題があります。これを研究者は「バリオン数生成の問題」と呼んでいます。バリオンとは陽子や中性子のことです。

　宇宙は、この問題を乗り越えてこないと、現在、存在する陽子、中性子を生み出すことはできませんでした。では、どのようにして反粒子だけが消えていき、粒子（正の物質）だけが残って現在の宇宙があるのでしょうか？

　この問題については、宇宙初期の超高温・超高密度で、宇宙が小さくて、原子も素粒子もすべてがバラバラだったときの現象を矛盾なく説明できるようにならないと、解明できないと考えられます。

　宇宙全体を説明するためには、宇宙が小さかったときの素粒子のことを全部明らかにしないとわかりません。逆に、宇宙初期のことがすべてわかれば、今度は50億年後、100億年後の宇宙の姿も推測することができるようになります。

　宇宙創成時の「宇宙よ、始まりなさい」という、いちばん最初の「神の一撃」の解明はむずかしい面もありますが、少なくともそれ以降については解明しようとしているわけです。

　物理学は、地球上だけではなく、宇宙のどこでも共通に使えるサイエンスです。このため、「神の一撃」と表現した初期条件さえすべてわかれば、原理的には現在までの138億年を全部トレースできるはずだ、ということが私たち物理学者の考え方です。そのため、ミクロの素粒子を研究することは、宇宙を研究することにつながっているのです。

6-3

なぜ、反粒子は
宇宙から消えたのか？

―― 正のバリオン、反バリオン

● 正の物質、負の物質

　宇宙開闢に存在した反粒子はなぜ消えたのか、これは素粒子についての重要なテーマです。

　陽子、中性子は3個のクォークからできています。

　　陽　子……アップクォーク2個、ダウンクォーク1個（合計3個）

　　中性子……アップクォーク1個、ダウンクォーク2個（合計3個）

図 6-3-1 ● 宇宙誕生時には「反クォーク」が存在した

クォーク　　　　　　　　　　反クォーク

　宇宙ができた頃には、この陽子や中性子以外にも「反陽子」「反中性子」などの反物質と呼べるものがあったと考えられます。この反陽子・反中性子は「反クォーク」でできていたと考えられています。

反陽子………反アップクォーク2個、反ダウンクォーク1個（合計3個）

反中性子……反アップクォーク1個、反ダウンクォーク2個（合計3個）

　そして、この陽子、中性子などは「正のバリオン」と呼ばれ、「粒子（物質）」を構成しています。私たちが知っている、通常の粒子（物質）のことです。バリオンとは重い粒子（重粒子）という意味です。

　同様に反陽子、反中性子などを「反バリオン」と呼び、これらは「反粒子（反物質）」を構成しています。

● 粒子、反粒子が消えれば莫大なエネルギーが生まれる

　ここで、粒子と反粒子との違いは、「質量・スピンの大きさは等しく、電荷が逆（正負）」のものをいいます。このとき、粒子と反粒子とが出会うと、「対消滅」という現象を起こし、互いに消滅し、粒子と反粒子の質量は高エネルギーの粒子に転換されます。単に消えるのではなく、高エネルギーの粒子が生まれるのです。もっと正確にいうと、その粒子と相互作用することのできる粒子、例えば光子などのエ

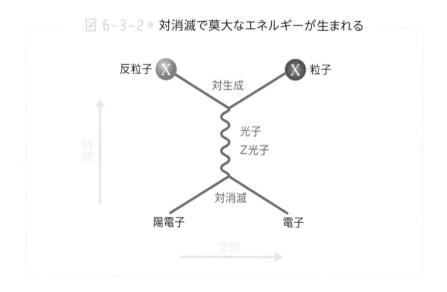

図 6-3-2 ● 対消滅で莫大なエネルギーが生まれる

ネルギーとなります。

　静止した粒子、反粒子の場合の衝突（対消滅）でどのくらいのエネルギーが生まれるかというと、有名なアインシュタインの方程式「$E = mc^2$」で計算できます。

　この式は質量（右辺）とエネルギー（左辺）とは等価だ、ということを示しています。いま、質量 m の粒子と反粒子の2つの質量が同時に消滅すると考えると、対消滅後には、およそ $2 \times mc^2$ のエネルギーが生まれることに相当します。

　これが静止した質量 m の粒子ではなく、高速で動いている質量 m の粒子・反粒子同士の衝突の場合には、さらに大きなエネルギーが生まれます。

図 6-3-3 ● 粒子・反粒子の対消滅で生まれるエネルギー

　逆に考えると、そのエネルギーが仮に、$2mc^2$ 以上のエネルギーであれば、別の質量Mをもつ粒子と反粒子とを同時に生み出すことができる可能性を意味します。これが「対生成」です。

図 6-3-4 ● 対生成で新たな粒子・反粒子が生まれる

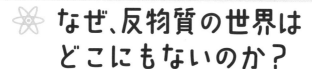

6-4

なぜ、反物質の世界はどこにもないのか？

── バリオン数生成の問題

話をさらに進めましょう。

自然な仮定なのですが、宇宙が生まれた時、対生成により粒子と反粒子とは同じ数だけ生まれたと仮定してみましょう。その場合、粒子と反粒子が衝突して両者がすべて対消滅し、その粒子と反粒子は1つ残らず消えてしまうかもしれません。つまり正の粒子の数と反粒子の数の差はゼロなのです。

そうすると、**正の粒子だけによってつくられた銀河、太陽、地球、そして私たち人間の存在はたいへん不思議**なことです。どこか遠い宇宙で、反物質だけが多い場所があるのかもしれないという仮説もありえます。

けれども、現実は異なります。この宇宙のどこを探しても、そうしたまとまった量の反粒子からつくられた天体は見つかりません。そうした反物質世界と、我々の正の物質世界の境界では、激しく対消滅と対生成が起こっていることが予想されますが、そのような激しい現象も発見されていません。

これをどう説明するのかということです。もちろん地球上では、反粒子をKEKなどのBelle実験やJ-PARCの実験をはじめさまざまな加速器実験での対生成により人工的につくり出すことができて、その量も理論値と一致します。

しかし、この問題は、宇宙全体で正のバリオン（陽子、中性子）だけが残るような生成のメカニズムを考えなければならないという意味でたいへん深刻なのです。これが「バリオン数生成」の問題と呼ばれています。

● サハロフの3条件

バリオン数生成が成立するためには、次の3つの条件が必要だといわれています。これらは「サハロフの3条件」として知られています。

1つ目の条件は、「バリオン数の破れ」という物理法則が宇宙には元々あると考えることです。そうでなければ、そもそも宇宙のはじまりにバリオン数がゼロだった状態から正味のバリオン数は生まれません。

2つ目の条件は、小林誠さん（KEK）と益川敏英さん（名古屋大学）が標準理論のクォークにおいて提案したことでも有名な「CP対称性の破れ」です。これはそれまでの素粒子論では前提となっていたCとPの変換に対して物理学は変わらないという、「CP対称性に従わない現象」のことです。ここで、Cの対称性、Pの対称性とは次のようなことを意味します。

C ： 電荷（Charge）符号のプラス・マイナスを入れ替える反応
P ： パリティ（Parity）を入れ替える反応

パリティを入れ替えるとは、鏡に写した鏡像のほうになることをいいます。3次元の座標であれば、

$$X\,(a\,,b\,,c) \;\;\rightarrow\;\; X'\,(-a,\,-b,\,-c)$$

のように、原点についての鏡像の関係を意味しますので、符号をすべて逆転させるものに対応します。

　加えて、CP変換の対称性以外にも「T（時間）反転の対称性」というものが存在します。これは時間（Time）反転しても変わらないという対称性のことで、時計の針を戻せば元に戻ってしまう、ということを意味します。

　このことは、一見当たりまえに見えますが、素粒子の世界では、そうとは限らない事象があるのです。これも加わって3つの変換を連続して行なう「CPT変換の対称性」は、物理学の基本法則からおおもとに戻ってしまうことが知られています。むずかしい言葉ですが、相対性理論と関係したローレンツ対称性が、このことを保証していることが知られています。

　上記のように小林・益川理論において標準理論の粒子たちについて考えるとすると、クォークのCP変換の対称性が破れているということは、CPT変換で元にもどるということを考えると、時間反転Tの対称性が破れていることを意味します。日常のことと照らし合わせると、ちょっと考えにくい話ですね。

　CP対称性が破れた現象は、仮になんらかの方法で時間を戻せたとしても、もとに戻らないということを言っているのです。たいへん不思議なことを言っているのです。

　素粒子の実験では、そうしたクォークのCP対称性の破れの証拠は、当時もすでに報告されていましたが、最初に、その理論を提唱した小林さんと益川さんは、とても勇気があると思います。同業者からの批判を恐れず、信じた理論を発表する姿勢について、我々もたいへん学ぶべきものがあります。

　3つ目の条件は、「熱平衡からのずれ」です。これも「Tの破れ」に似たところがあります。もし熱平衡であれば、一度つくられたものは、元に戻ってしまうという傾向があるのです。簡単にいうと、AがBに移り、BがAに移るという状態が熱平衡で、この状態ではいつでも元

に戻れます。そうしてつくられたり、戻ったりを繰り返している状態を**熱平衡**と呼んでいるのです。そこで、熱平衡からずれていないと、つくられた正味のバリオン数が、熱平衡の条件により、再びバリオン数がゼロの状態に戻ってしまうことがあるということを意味しています。つまり、熱平衡が破れていないといけないのです。

以上の3つの条件は「サハロフの3条件」と呼ばれています。

図 6-4-1 バリオン数生成とサハロフの3条件

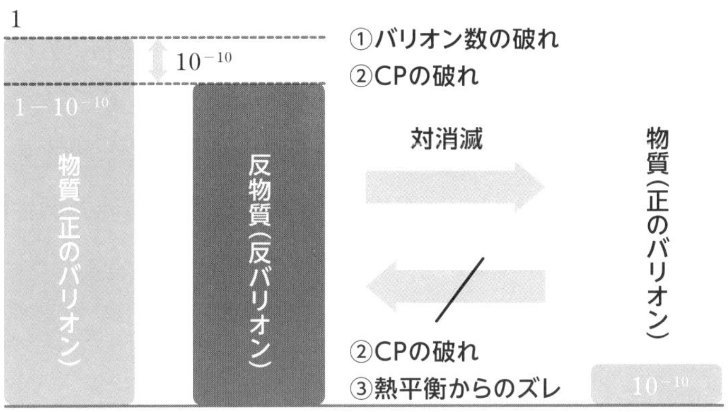

10億個に1個の差だった

図6−4−1を見るとわかるように、初期段階の粒子（正）、反粒子の数に比べ、いま残っている粒子（正）の数は、ずいぶん少なく描かれています。これは粒子の大半が消えたという意味です。

両者の差はきわめて小さかったと考えられています。宇宙初期には粒子（物質）、反粒子（反物質）ができたり消えたりを繰り返していたのですが、そのプロセスの中で少しだけ両者のバランスが破れていた、ピッタリ同じではなかった。初めから、そんなタネが宇宙に

は仕込まれていたと考えます。これが先ほど述べたバリオン数の破れ、CP対称性の破れなのです。

　では、それはどのくらいの差だったのかというと、10億個に1個ぐらいの割合だったと考えられています。粒子や反粒子がつくられたり（対生成）、消えたり（対消滅）を繰り返すプロセスの中で、**結果的に10億個に1個、何か違いが出てしまった**…という考えです。より正確には、消えてつくられた光子の数に対して、10億分の1ぐらいの違いだったということなのです。そのCP対称性の破れの可能性を指摘したのが小林・益川理論です。

　小林さんや私が在籍するKEK（高エネルギー加速器研究機構）にはBファクトリー^(＊)と呼ばれる実験施設があって、そこで、bクォークが関係するCPの破れを実験的に検証してきました。現在もアップデートを続けており、SuperKEKB計画として約40倍もの性能アップに成功し、現在も稼働しています。

（＊）Bファクトリー
KEK（高エネルギー加速器研究機構）が1998年の末に完成させた大型の衝突型円形加速器（1周3000m以上）。CP対称性の破れに関する小林・益川理論を検証することを主な目的の一つとした。

6-5
なぜ、現在は存在しない反粒子を「昔はあった」といえるのか
—— 未知のCP対称性の破れ

　前節では、理論的にバリオン生成での「両者の差はきわめて小さかった」といいました。たしかに小さい量なのです。しかし、知られている初期宇宙で起こるメカニズムに従って、そうした観測された正味のバリオン数をつくるために要求されるCPの破れの大きさは、小林・益川理論の予言に比べると、ずっと大きい必要があるのです。小林・益川理論に現れるCP対称性の破れは小さすぎるため、バリオン数生成を説明するには、もっと大きな未知のCP対称性の破れが必要であることがわかってきました。

　ここは、研究者の間でも誤解があるところなので、きちんと事実を伝えるべきだと思います。標準理論の範囲内で小林・益川理論で予言されたCP対称性の破れは、KEKB（KEKが所有する巨大な加速器）で検証されました。しかし、その値が小さすぎるため、素粒子モデルとしては標準理論を超える新理論を考える必要が生じるのです。つまり、まったく異なるCP対称性の破れを必要とする可能性があるということなのです。このように、「バリオン数生成の問題」は、深刻な未解決問題なのです。

　ただ、素粒子の新理論には超対称性理論、超重力理論（超対称重力理論）、超弦（超ひも）理論などがあります。そうした理論では、おそらくさらに大きなCP対称性の破れ、あるいはバリオン数の破れが

入っていて、宇宙初期に起こる、同じかもしれないし、違うかもしれないメカニズムによって、この10億分の1のバリオン数の非対称性が説明できるだろうと考えられています。

● 宇宙初期、光子と粒子は同数あった

宇宙初期にこのようなわずかな違いがあっても、大部分は対称の共通の部分なのです。宇宙初期の高温のプラズマ中では、粒子と反粒子が対生成と対消滅を激しく繰り返して熱平衡になっています。

しかし、時間が経つにつれて、その対称部分はほとんどすべて対消滅してしまいます。宇宙が膨張するにつれて宇宙は温度がどんどん下がっていきます。温度が下がる、つまりエネルギーが下がってくると、対生成で新たに粒子・反粒子をつくるのがむずかしくなってきて、**対消滅が支配的となり、差の部分だけが残る**ことになります。

結局、あまりの10億分の1に相当する部分だけが現在まで残っている。この生き残りの粒子たちが、私たちの体をつくったり、銀河を形成したりしている陽子や中性子なのです。

宇宙初期には、光子（フォトン）の数に比べて、知られているほとんどの粒子（とその反粒子）は同じ程度の数の存在量だったと考えられています。けれども、正味のバリオンの粒子の数が10億分の1に減ったため、相対的に、バリオンの10億倍の数の光子が存在し、私たちの宇宙を飛び交っているのです。

● なぜ、存在しない反粒子を「あったはず」といえるのか

現在、反物質は正の物質ほどには存在していません。ごくわずか、宇宙線の中などに含まれるぐらいです。それなのに「同数あった」と述べてきている根拠はどこにあるのか、疑問の方も多いでしょう。

理論的には、ディラック（＊）が「電子の反粒子（陽電子）」を予言し、

後に実験で検証されたという経緯があります。反粒子というのは、粒子と質量が等しい、スピンの大きさが等しい、けれども電荷の正負が逆——というものでした。

　さて、ディラックは電子の相対論的な量子力学を記述するディラック方程式（1928年）に負のエネルギーの固有値が現れることから、1931年に「正のエネルギーをもつ反粒子（陽電子）」を理論的に予言したわけです。ディラックはこれを「反電子」(**) と呼びました。

ディラック方程式

$$i\gamma^{\mu}\partial_{\mu}\psi(x) - m\psi(x) = 0$$

負のエネルギー固有値とは、この式を解いた解の一つとして得られる。
もちろん、正のエネルギー固有値をもつ解も同時に得られる。

i は虚数単位
γ_{μ} はガンマ行列（ディラック行列）
ψ はスピンの場（ディラック場）
m は ψ の質量

微分 ∂_{μ} は $\partial_{\mu} = \dfrac{\partial}{\partial x^{\mu}} = \left(\dfrac{\partial}{\partial t}, \nabla \right)$

　翌1932年にはアメリカの物理学者カール・アンダーソンが宇宙線を霧箱で観測中に発見し、宇宙線が物質に当たっていくつかの粒子が出ている飛跡を発見しました。そこには正の電荷をもつ粒子も観測され、陽子であると考えていたのですが、もし陽子であればずっと大き

（＊）ポール・ディラック
イギリスの物理学者（1902 〜 1984）。1933年、シュレーディンガーとともにノーベル物理学賞を受賞。有名になることを嫌ってノーベル賞を断ろうとしたが、ラザフォードから「受賞を辞退すれば、キミは受賞者以上に有名になってしまうよ」といわれ、辞退を諦めて受賞したという不思議なエピソードがある。

（＊＊）反電子
「電子の反粒子」なので、ディラックの命名通り、「反電子」という名前のほうがわかりやすかったが、アンダーソンによって「陽電子」と名付けられた。アンダーソンが最初に陽子と誤解したように、プラス（陽）の電荷をもつ電子というネーミングは、陽子と混乱しそうで理解しにくい言葉かもしれない。

な飛跡を残すはずです。

　そこでその粒子をさらにくわしく調べた結果、「正の電荷（陽）をもち、電子と質量がほぼ同じ粒子」とわかり、「陽電子」と名付けたのです。英語では陽子はproton、陽電子はpositronという、それぞれ独立した名前が付いています。反陽子(anti-proton)のように、反粒子を表わす"anti-"という接頭語を、陽電子には付けていない点、つまり"anti-electron"とは呼ばない点でも、陽電子を特別視したことが伺えます。

　反粒子の予言、発見にはそのような経緯がありました。

6-6

 量子論に特殊相対性理論を組み込む

—— ディラックの海

現在はクォークにも反粒子が存在することがわかっています。陽子の例で説明すると、陽子はアップクォーク、アップクォーク、ダウンクォークという3個のクォークでできています。

─ 図 6-6-1 ● **陽子はアップ、アップ、ダウンのクォークでできている**

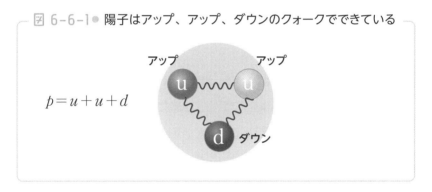

$$p = u + u + d$$

それに対して、陽子の反粒子である「反陽子」は、反アップ2つと反ダウン1つからつくられますので、

$$\bar{p} = \bar{u} + \bar{u} + \bar{d}$$

という関係になっています。

● **「量子論＋特殊相対性理論」の組み込みの必要性**

陽電子（反電子）の概念は、マクスウェルの電磁気学の方程式をディ

ラックが相対論的量子論に拡張したときに、必然的に出てきたものです。

　ここでマクスウェル方程式というのは、マイケル・ファラデー（英：1791 ～ 1867）の電磁場理論をもとに、1864年にジェームズ・マクスウェル（英：1831 ～ 1879）が導いた方程式です。電磁場のふるまいを記述するもので、以下のような式です。

$$\begin{cases} \nabla \cdot B(t, x) & = 0 \\ \nabla \times E(t, x) + \dfrac{\partial B(t, x)}{\partial t} & = 0 \\ \nabla \cdot D(t, x) & = \rho(t, x) \\ \nabla \times E(t, x) - \dfrac{\partial D(t, x)}{\partial t} & = j(t, x) \end{cases}$$

　これは光と電子の間の古典的な運動を記述した方程式です。相対性理論は1905年に発表されていますから、1864年に導かれたこの方程式には相対性理論の考えは入っていませんでした。

　マクスウェルの方程式は、電気回路（または電子回路）の中のすごく遅い電子に対してのみ成り立つ理論です。案外知られていませんが、電気回路の中の電子の速度はとても遅く（*）、この遅い電子に対してのみ、正しく説明するものです。それがアインシュタインの特殊相対性理論が出た後に説明ができなくなったため、ディラックはマクスウェルの方程式に特殊相対性理論を入れようと努力しました。つまり、遅い電子回路の中だけでなく、電子が速く動いてエネルギーが上がったときにも通用する正しい式をつくろうとしました。

　エネルギーが上がるということは、小さいスケールを見るというこ

（＊）電気回路の中の電子の速度は遅い
「電子は光速に近い速度をもつ」と考えがちだが、電気回路の中では、たとえば1mm径の電線に1Aの電流が流れていると、1秒間に0.1mmしか移動しない。

とを意味しますので、ミクロな現象を記述する量子論的な考え方も同時に必要となります。つまり、「量子論＋特殊相対性理論」の組み込みが必要となったのです。

そのような努力を重ねていたところ、光子が2個ぶつかって「電子と陽電子（電子の反粒子）」をつくるというような、思わぬ答えが導き出されてしまったのです。

最初は、ディラック自身も「間違えたかな？」と思っていたようですが、その後にアンダーソンによって陽電子が発見された経緯は、すでに述べた通りです。

マクスウェル方程式ではそもそもエネルギーが低すぎて、電子と陽電子をつくるようなエネルギーの高いところまで記述していなかったのですが、きわめてエネルギーが高くて相対論的な量子論の考え方が必要となるところまでもっていくと、それは反粒子の予言（仮説）につながったということなのです。

● ディラック方程式の中に「真空の秘密」が書き込まれていた！

ディラックの方程式の解を解釈すると、思いもかけないことがわかりました。それは「真空とは何もない場所」と思っていたのが、実は電子と陽電子（電子の反粒子）が対消滅と対生成を繰り返す、動的な世界であることを示していたのです。真空は何もないはずなのに、ボコボコと新しく粒子が生まれてくる場、それもすごい頻度で起きている…。

それを「ディラックの海」と呼んでいます。この世の中で何もないように見えるところは、実は平均的に見れば何もないように見えるだけのことで、本当は、対消滅と対生成が激しく起きている場所だった──そういうことがディラックの方程式の中に入っていたのです。

6-7

何がニュートリノに質量を与えたのか？

—— 柳田のシーソー機構

● 柳田のシーソー機構とは何か？

　ニュートリノの質量の起源を考える上で非常に重要な「柳田のシーソー機構」について紹介しておきましょう。

　素粒子の標準理論は、「ニュートリノに質量はない」ということが前提でした。しかし、質量があるときにのみ、ニュートリノ振動が起きます。そのため、梶田さんたちがスーパーカミオカンデでニュートリノ振動を確認した段階で、「ニュートリノには質量がある」ということが明らかとなりました。

　そこで、標準理論では説明できない、そうしたニュートリノの質量はどのようにしてできるのか、ということが問題になるのです。すでに、電子には左巻き、右巻きの両方のスピンがあり、質量はヒッグス粒子からもらったものだという話はしました。

　同様に、陽子や中性子の質量のほとんどはヒッグス場には関係ないことも見てきました。つまり、ヒッグス場はすべての質量を説明するわけではないのです。

　ニュートリノの質量（電子に比べても非常に軽い）も、ヒッグス粒子とは関係ない可能性が高いのです。ニュートリノには左巻きしか存在せず、右巻きが発見されていない以上、ニュートリノに質量を与えるメカニズムの詳細はまったくの未知なのです。

そうすると、**ニュートリノの質量の起源を説明するには、ヒッグス機構とは異なるメカニズムを用意する必要**が出てきます。その1つの方法が柳田勉さんの「シーソーメカニズム」（シーソー機構）です。

　シーソーメカニズムは、標準理論には組み込まれていませんが、ひと言でいうと、**「重い質量をもった右巻きのニュートリノがあればいいのではないか」**という考えです

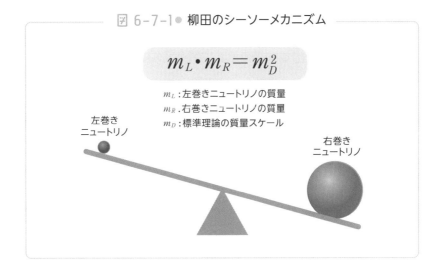

図 6-7-1● 柳田のシーソーメカニズム

$$m_L \cdot m_R = m_D^2$$

m_L：左巻きニュートリノの質量
m_R：右巻きニュートリノの質量
m_D：標準理論の質量スケール

左巻き
ニュートリノ

右巻き
ニュートリノ

● シーソーメカニズムの発想

　柳田さんは次のようなアイデアを思いついたのです。

　「かつての初期宇宙では、右巻きですごく重いニュートリノが存在していた。しかし、現在のエネルギーの低くなった宇宙には存在しない。**右巻きニュートリノは質量が重すぎて、現在のような低エネルギーの宇宙では存在しない。よって発見できない」**──と。

　標準理論では左巻きニュートリノを前提として成り立っていますので、標準理論からの新理論への拡張となります。

素粒子の世界にはこのような例はいくらでもあります。たとえばヒッグス粒子は現在の宇宙には存在しません。ヒッグス粒子は質量が大きく（126GeV）、寿命も短くて不安定なので、現在の宇宙からは消えてしまっています。素粒子のZボソン、Wボソンも同様な状態です。**重い粒子は寿命が短くなる傾向**があります。そのため、右巻きニュートリノも、非常に重くて寿命が短ければ、理論の中には存在しますが、私たちの前に現れていないだけなのかもしれないのです。宇宙の始まりの時期に存在していただけかもしれないということです。

　現在の加速器実験などの素粒子実験では、この重い右巻きニュートリノの質量をつくり出すほどのエネルギーはありませんので、粒子自体の存在は検証されていません。将来的にも、そのエネルギーに到達することはむずかしいと考えられています。

　けれども、そのような右巻きニュートリノを導入しさえすれば、ニュートリノの質量を説明できるかもしれないということは、とても面白いアイデアです。しかも、それが現在の温度の低い宇宙では存在しないのに、軽い左巻きのニュートリノの質量を与えているという間接的なことで、物理学に影響を与えているのです。

数式で「質量」を与える メカニズムを考える

── シーソーメカニズムの優位性

　ここまでは言葉を使って説明をしてきました。それを数式でなぞってみましょう。同じことを説明するだけですので、数式は不要という人はこの節を飛ばし、次へお進みください。「どんな感じで数式を使うのか」と興味をもたれた方は目を通してみてください。

　さて、ここまで紹介した話は次の2点でした。

● **電子の質量**──ヒッグス粒子は、それと結合する左巻きと右巻きのスピンをもつフェルミ粒子に質量を与える。電子には左巻き・右巻きの両方のヘリシティ（88ページ参照）がある。この場合、ゼロでない質量はヒッグス場の場の値がゼロでないことからくる。

● **ニュートリノの質量**──現在、ニュートリノには左巻きのタイプしか見つかっていない。よって、電子のようなヒッグスメカニズムを使ってニュートリノが質量をもつことは説明できない。

　左巻き・右巻きの両方のヘリシティをもつ粒子は、ディラック粒子と呼ばれます。

　一方、左巻きのみや、右巻きのみで質量をもつフェルミ粒子はマヨラナ粒子と呼ばれます。マヨラナ粒子は、未だ発見されていない粒子

です。物性物理の分野でもトポロジカル超電導体（その表面や端にマヨラナ粒子が存在する超電導体のこと）の上で、電子と正孔の共存するマヨラナ粒子が実現することが知られています。さまざまな分野で、マヨラナ粒子の発見を目指す研究者が多数います。

　マヨラナニュートリノはちょっと不思議な性質をもっています。マヨラナニュートリノは反粒子も自分自身と同じニュートリノであるという意味ですので、マヨラナニュートリノはレプトン数保存を破っていることになります。

　まず、ディラック粒子に注目します。ヒッグス粒子が「電子」に質量を与えたメカニズムを数式で書くと、およそ次のようになります。素粒子の理論では、以下の「質量項」というのがあるのです。その電子の質量項が、右巻き（$\bar{e}_R$）と左巻き（$\bar{e}_L$）を用いて、

$$m_e \bar{e}_R e_L \quad \text{（文字にバーが付いているのは、反粒子の意味と思って差し支えありません）}$$

と書けたときに、「質量をもつ」ことを表わします。この式では、ヒッグス（H）と湯川カップリング（y_e）の掛け算として、質量項は

$$m_e \bar{e}_R e_L = y_e H \bar{e}_R e_L$$

と表わされます。ここのヒッグス場Hの場の値が、原点を表わす$H=0$でなく$H=v$という値をとったとき、その電子の質量は

$$y_e \times v = 0.511 \mathrm{MeV}$$

と表わすことができます。つまり、$y_e \times H$が電子の質量を与えるのです。ここで$v = 246\mathrm{GeV}$でy_eは約$2.078 \times 10^{-6} = 1/481000$とすれば、質量の$0.511$ MeVが実現されていることになります。y_eは電子の湯川結合定数と呼ばれていて、実験からこのように求まると理解します。これがヒッグスメカニズム（ヒッグス機構）です。

● シーソーメカニズムの意味は何か？

ところが、標準理論において、ニュートリノについては右巻きを含んでいないので、このようなことは想定されていませんでした。

そこで柳田勉さんが考えたのは、ずっと重いマヨラナ質量（MR＝右巻きニュートリノの質量）をもつマヨラナニュートリノを仮定したモデルです。つまり、自分自身で質量項をもつマヨラナ粒子です。ν_R は右巻きニュートリノを表わします。

$$M_R \bar{\nu}_R \nu_R$$

マヨラナ質量（M_R）はGUTスケールである 10^{16}GeV ぐらいあると考えられます。重すぎて見つかりません。現在のエネルギーの低い宇宙には、そんな重い粒子は存在できないからです。

そこで、ヒッグスの質量ぐらいの重さのディラック質量項というのを導入した次のような質量項をもっているのではないかと考えたのです。次の式の前半をマヨラナ質量項、後半をディラック質量項と呼んでいます。（M_D：標準理論の質量スケール）

$$M_R \bar{\nu}_R \nu_R + m_D \bar{\nu}_R \nu_L$$

このマヨラナ質量項、ディラック質量項の2つは、素粒子の標準理論では仮定されていません。この2つを考えます。行列で書くと次のようになっています。展開してみるとわかりますが、上記の質量項と同じ意味です。

$$(\bar{\nu}_L, \bar{\nu}_R) \begin{bmatrix} 0 & m_D \\ m_D & M_R \end{bmatrix} \begin{pmatrix} \nu_L \\ \nu_R \end{pmatrix}$$

ここで、高校の数学でならった行列を「対角化する」という数学

的な操作を行ないます。間に挟まれた2行2列の行列を対角化すると、近似的に以下のようになります。

$$\begin{bmatrix} m_L & 0 \\ 0 & M_R \end{bmatrix}$$

この意味は、質量項として、

$$m_L \bar{\nu}_L \nu_L + M_R \bar{\nu}_R \nu_R$$

という2つの項があることを意味しています。ここで、m_Lは

$$m_L = \frac{m_D{}^2}{M_R}$$

と書けます。分母のMはGUTスケールと呼ばれる超対称統一理論のスケールである10^{16}GeVぐらいで、分子のm_Dは電弱スケールと呼ばれるヒッグス質量かそれよりちょっと上程度の$1\mathrm{TeV} = 10^3\mathrm{GeV} = 10^6\mathrm{MeV}$ぐらいの質量です。結局、

$$m_L = \frac{m_D^2}{M} = \frac{(1\mathrm{TeV})^2}{10^{16}\mathrm{GeV}} = \frac{10^3\mathrm{GeV} \times 10^{12}\mathrm{eV}}{10^{16}\mathrm{GeV}} = 0.1\mathrm{eV}$$

と計算すると、左巻きニュートリノの質量は、0.1eV(*)ぐらいとなります。電子の質量をeVに換算すると、0.511MeVです。その電子の質量と比べると、ニュートリノの質量は500万分の1という計算になります。このモデルでは、ヒッグス粒子の質量より100兆倍も重い右巻きニュートリノを導入することにより、0.1eVぐらいの非常に軽い左巻きのニュートリノの質量が理論的に予想されています。

　ここで、右巻きニュートリノの重さを重くすると、左巻きニュートリノの質量が軽くなるというようにシーソーでの釣り合いのように両

者が関連するのです。これがシーソーメカニズムと呼ばれるしくみです。

　シーソーメカニズムは、「昔の宇宙では重いニュートリノが存在したかもしれないが、現在の宇宙には存在しない」という考え方です。これは現在の宇宙を眺めているだけでは肯定も否定もできません。

　可能性としては、人工的な加速器実験を使うことで、かつての宇宙温度と同等のエネルギーをつくり出してみることです。たとえば、KEK（高エネルギー加速器研究機構：つくば）のベル実験では、約10GeVほどの電子と陽電子を衝突させることで、最大で約10GeVぐらいの粒子をつくることができます。ヨーロッパのCERN（欧州原子核研究機構）の世界最大規模の加速器では、1TeVから10TeVほどのエネルギーの陽子同士を衝突させて、ヒッグス粒子（質量126GeV）を人工的につくり出しました。

　そうはいっても、ヒッグス粒子の100GeVレベルではなく、右巻きの重いニュートリノは10^{16}GeVのエネルギーを要求します。ざっと10^{14}倍、つまり100兆倍です。

　それを可能にする加速器は、地球上ではとうていつくることができません。その意味では、直接、その粒子をつくり出して証明することはむずかしい状態です。

　ただ、シーソーメカニズムは標準理論（ワインバーグ・サラム理論）を超える素粒子論の枠組みとしては仮定が少ないので、多くの研究者

（＊）ニュートリノの質量は0.1eVか？
現在、ニュートリノの質量の絶対値は決定されていません。しかし、ニュートリノ振動の実験により質量差がわかりますから、電子型ニュートリノ、ミュー型ニュートリノ、タウ型ニュートリノの3種類の左巻きニュートリノの質量の総和は、0.06 eV以上と推定されています。一方、総和の上限値は宇宙のCMB観測と大規模構造の観測から0.3eV以下と推定されています。そのことから、一番重いニュートリノの下限は、0.06eV程度、小数点第2位を四捨五入して0.1 eV程度の質量をもっているのではないか、と予想されています。これはシーソーメカニズムでの予言とほぼ一致しています。

は魅力的な理論だと考えています。

　ヒッグス機構からニュートリノを説明しようとすると、前述のように、ヒッグス場の場の値 $H=v=246\,\mathrm{GeV}$ と湯川カップリング y_{ve}（粒子に質量を与える結合）との掛け算において、湯川カップリングを非常に小さな値にチューニングしなければいけません。具体的には1兆分の1から10兆分の1などにしないといけないのです。それは不自然だと考えます。

　一方、シーソーメカニズムでは、すでに知られている2つのスケールを使いました。大統一理論のスケール $10^{16}\mathrm{GeV}$ の重さをもつ右巻きニュートリノとディラック質量は1TeVぐらいの質量があれば、それだけで説明できます。チューニングが少ない理論になっている分、理論としては無理が少なく、魅力的だと考えられているのです。

 「反粒子が消えた謎」の新しい解釈

—— レプトジェネシスの考え

シーソーメカニズムでは、ニュートリノの質量の起源を、重い右巻きニュートリノで説明しました。すると、次に「レプトジェネシス」（レプトン数生成）という考え方が自然に出てくるかもしれません。これは福来正孝さんと柳田勉さんにより提唱されたモデルです。宇宙のバリオン数生成に必要なバリオン数の破れとCP対称性の破れがどこから来たのか、ということを説明するモデルとして知られています。

3章2節で、クォークのCP対称性の破れについて触れました。理論的に小林・益川が予言し、それをKEK（高エネルギー加速器研究機構）とアメリカのSLAC（スタンフォード線形加速器センター）が見つけたのですが、これはクォークのCP対称性の破れについて述べたものです。それを「ニュートリノなどのレプトンにもありえるのではないか」と考えるものです。

ニュートリノでのCP対称性の破れ(＊)という場合は、ニュートリノと反ニュートリノで性質が違うということを指しています。

柳田さんのシーソーメカニズムでは、宇宙初期には重い右巻きのマヨラナニュートリノが存在していたのに、現在は消えてしまったと

（＊）CP対称性の破れ、CP非保存
「CP対称性の破れ」とは、物理学の大前提となる「CP対称性」に従わない事象のことを指す。Cは粒子・反粒子の入替で、Pはパリティ変換。合わせて、空間座標の符号（プラス・マイナス）を変換する。似た言葉に「CP非保存」があるが、本書ではほぼ同義語として扱った。

いう考えに基づいていました。今日では、素粒子的宇宙論の研究では、こういう未知粒子が重要な役割を担うという考え方は、よくあるのです。

　バリオン数生成（バリオジェネシス）においても、その起源を、宇宙初期だけに存在した粒子が鍵を握っているという考えに基づいて理論を組み立てることがあります。

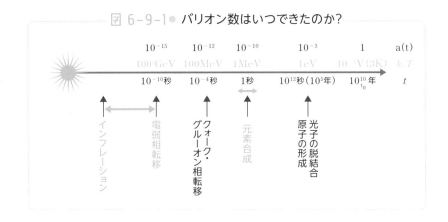

図 6-9-1● バリオン数はいつできたのか？

● レプトンのCP非対称がそもそもの原因だった？

　標準理論の範囲内で、レプトン（電子、ニュートリノなど）の非対称性がバリオン（陽子、中性子など）の非対称性に変換された、というプロセスが存在することが知られています。これは電弱相互作用の1つで、スファレロン効果と呼ばれています。

　現在の低エネルギーの宇宙ではそのようなことは起こらないのですが、ヒッグス粒子が存在したような温度が100GeV以上の宇宙初期のときには起こります。正味のレプトン数は、重い右巻きマヨラナニュートリノが崩壊することでつくられるとするのです。そうすると、宇宙初期に最初にレプトン数がつくられ、スファレロン過程を通してバリオン数に転化されて現在の宇宙のバリオン数非対称性になったと考えるのです。

図 6-9-2 ● ハドロン、レプトンの分類

ハドロン	バリオン	核子、デルタ粒子、ラムダ粒子、シグマ粒子、グザイ粒子 等々
	メソン	パイ中間子、K中間子、イータ中間子、ロー中間子、オメガ中間子、等々
レプトン	荷電レプトン	電子、ミュー粒子、タウ粒子
	ニュートリノ	電子型ニュートリノ、ミュー型ニュートリノ、タウ型ニュートリノ

陽子や中性子のように、3個のクォークから構成される粒子をバリオン、パイ中間子など2個のクォークと反クォークから構成される粒子をメソン、バリオンとメソンをあわせてハドロンという。

　この機構は「バリオジェネシス」に対し、「レプトジェネシス」と呼ばれています。レプトジェネシスによって、バリオン数の非対称性の起源の問題（バリオジェネシス）を説明しようというモデルです。ヒッグス粒子が存在した電弱相転移（温度が100GeV）のときまでに、「レプトン数がバリオン数に変換される」というプロセスがあったため、それが現在、正の粒子だけが残っている原因だ、というシナリオです。

　この福来－柳田のレプトジェネシスのモデルは、ひとたび柳田さんのシーソーメカニズムで重い右巻きのマヨラナニュートリノを仮定すると、非常に自然な流れでつながっています。

　マヨラナ粒子は、定義により、レプトン数を破っています。マヨラナ粒子とは、自分自身が反粒子になれるので、レプトン数を破っていることがわかります。CP対称性の破れは、そうした重いマヨラナニュートリノに付随して存在しただろうと考えられています。それが本当ならば、バリオジェネシス（バリオン数生成）も説明できてしまうのです。その意味では、右巻きニュートリノがいかに重要なテーマであるかがわかります。

6-10

CPの破れが、ニュートリノに残っている可能性

―― 統一理論の候補

　大統一理論を考える上で、重い右巻きマヨラナニュートリノを組み込む場合（埋め込まれるといいます）、その統一理論を表わす群の候補は、理論的に自ずと絞られてくることが知られています。

　その中でも魅力的な候補は、SO(10) という特殊直交群の対称性に基づく統一理論であり、SO(10) GUT と呼ばれます。たとえば、10行×10列の行列として表わされるSO(10)という対称性の高い群が、宇宙の膨張とともにエネルギーが下がるにつれ、対称性の破れを経験して、対称性の低い群に落ちてきます。カッコの中の数字nは、その群の要素を具体的に表現する場合、たとえばn行×n列のことを表わします。

　今の宇宙の低いエネルギーの物理法則を記述する標準理論の群である、特殊ユニタリー群（SU）とユニタリー群（U）で表わされるSU(3)×SU(2)×U(1)という、3つの群が掛け合わされた複雑な群に落ちる前に、面白いことに、コズミックストリング（宇宙ひも）と呼ばれる位相欠陥がつくられる場合が多いことが知られています。

● 相転移とは？

　相転移とは、エネルギーが高い状態から低い状態になる転移のことです。たとえば、水が氷になるとか、水蒸気が水に結露するなどの相

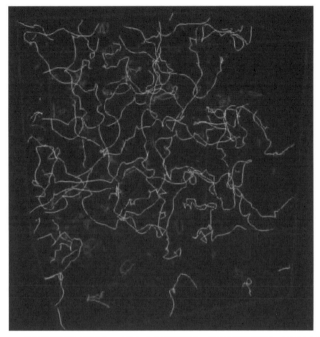

図6-10-1　宇宙初期の相転移でつくられた位相欠陥の一種であるコズミックストリング　衝突して組み替えたり、丸まってから収縮して消えたりするが、現在の宇宙まで残っている可能性がある。　出典：cambridge cosmology group

が変わる前後の様子を記述するプロセスです。また、そうした相転移の際にとり残されるエネルギーの高い状態を位相欠陥と呼びます。上記の水の例でいうならば、凍る時に空気の穴のような不純物ができてしまうイメージです。

　実際の水の凝固では位相欠陥はできませんが、ある相転移の場合には、どっちつかずのエネルギーが高い状態が残される場合があるのです。

　SO(10)がSU(3)×SU(2)×U(1)に落ちる途中には、そのようなエネルギーの高い状態、つまり位相欠陥が「ひも」のようになって残される場合があることが知られています。このコズミックストリング（宇宙ひも）を何らかの方法で検証することができれば、間接的にGUTやその構成要素である重い右巻きマヨラナニュートリノの存在の検証

になります。

　そうなると、ニュートリノ質量の起源であるシーソー機構や、レプトジェネシス機構も、同時に検証できる可能性があります。後の章で、それに関連して「宇宙ひも（コズミックストリング）が消える時につくられる重力波が見つかったかもしれない」という最新のニュースを紹介するつもりです。

● KEKが兆候発見に迫る

　2020年4月15日、東海村（茨城県）のJ－PARC加速器から発射するニュートリノを、295kmも離れた神岡町（岐阜県飛騨市）のスーパーカミオカンデで捉えるという実験、つまりT2K（東海村〜神岡）実験が、ニュートリノのCPの破れを99.7%（3σ）以上の信頼度で制限したと発表しました。素粒子実験では5σ（99.999426%）以上を「発見」と呼びますので、3σでは、まだ「制限」という言葉が使われています。そのCP位相角はδCP ≒ −108°でした。

図 6-10-2 ● CP位相角

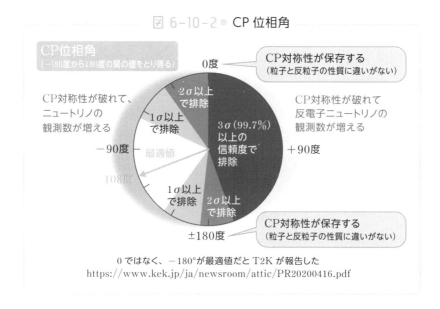

0ではなく、−180°が最適値だとT2Kが報告した
https://www.kek.jp/ja/newsroom/attic/PR20200416.pdf

KEKの東海キャンパスにある大強度陽子加速器施設J−PARCから、ミュー型ニュートリノと反ミュー型ニュートリノの両方を岐阜県神岡市にあるスーパーカミオカンデ検出器に向けて打ち込み、ニュートリノがミュー型から電子型に振動して変化する数を測定しました。

　電子型ニュートリノは90個観測されたのに対し、反電子型ニュートリノは15個という結果となりました。このことから、ニュートリノのCP対称性は破れており、その破れ度を表わすCP位相角がゼロではなく、−108°ということが99.7%の信頼度で示されたことになります。

　今後、「発見」（5σのレベル）と呼ばれる信頼度まで精度を上げて実験することが期待されています。もし、これが本当であるなら、上述したレプトジェネシスで本質的な役割を果たす**CPの破れが、標準理論の左巻きニュートリノにもその痕跡が残されている可能性**を示唆します。ニュートリノセクターにCPの破れがあるとするレプトジェネシスシナリオを補強する材料となるかもしれません。

6-11

再び問う、ニュートリノはダークマターになれるか？

—— 相次ぐ発見と否定

● 右巻きニュートリノをついに発見？

次に、ニュートリノはダークマターになれるか、という大きなテーマについて、再度、説明してみましょう。

実は2014年に大きなニュースが飛び込んできました。右巻きニュートリノ（ステラルニュートリノ）（＊）が崩壊した兆候かも知れない、ダークマターの候補を発見したのではないか、というものです。

NASAのチャンドラ衛星とヨーロッパ宇宙機関（ESA）のXMMニュートンの観測で、これまでに知られている物質起源の輝線とは異なるシグナルを検出したことから、「未発見の粒子」を見つけたのではないかという報告です。ここで、輝線とは、原子の遷移に伴って放射される、エネルギースペクトルの幅の細い、ライン状の放射のことです。単にライン放射とかラインスペクトルとも呼ばれます。

これは「ダークマターが崩壊などして、輝線を出したのではないか？」という解釈です。しかし、現在の結論からいうと、ほとんど否定されています。ペルセウス座銀河団などをX線で観測して、3.5keVという輝線が見つかったことを発端とします。ライン放射というのは、

（＊）ステラルニュートリノ（sterile neutrino）
「右巻きニュートリノ」のことを指すことが多い。何種類あるかは不明。左巻きニュートリノが弱い相互作用をするのに対し、弱い相互作用をしない仮説上のニュートリノのことを指す。

ほとんどそのエネルギーだけのX線が飛んでくるのです。しかも従来の原子遷移では説明できないのではないかという指摘でした。

　ダークマター説での解釈としては、7keVほどの右巻きニュートリノが崩壊して、軽い左巻きニュートリノと3.5keVのX線が放射されたのではないかというものでした。左巻きニュートリノの質量は、重くても0.3eV以下でしたから、観測されたエネルギー 3.5keVからみると、無視できるほど軽いという意味です。

　ただ、当時は理由がわかりませんでしたが、現在はカリウムの原子遷移などでもこの3.5keVに近いラインが出てくることなどで説明されているため、どうしても崩壊するダークマターが必要だ、という決定的な証拠ではなくなってきたようです。

● 日本のX線衛星「ひとみ」が否定する

　この件に関してもう少しご説明します。重さが約7keVの右巻きニュートリノがダークマターとして存在しているとします。これが宇宙年齢ぐらいで光子と左巻き（通常の）ニュートリノに崩壊するという仮説でした。このとき放出される光子は、エネルギーがぴったりと決まっており、約3.5keVのラインスペクトルを放出するというモデルです。

$$\nu_R \quad \rightarrow \quad \gamma \quad + \quad \nu_L$$
（右巻き）　　　　　　（光子3.5keV）　　　　（左巻き）

　このkeVというエネルギーはX線領域に相当します。その3.5keVのところにラインスペクトラムを見つけたということでした。

　最新実験でも否定されつつあります。それは日本のX線衛星「ひとみ」の観測結果によるものです。「ひとみ」は2016年2月に打ち上げられ、ペルセウス座銀河団で詳細なデータをとったところ、その帯域

にはラインスペクトラムは存在しない、という報告をしました。「ひとみ」は細かくエネルギーを見ることができます。その「ひとみ」の能力をもってしても、このラインスペクトラムは発見されなかったのです。

　この観測の3.5keVの地点を見ても、ピッと立ったラインがありません（薄く描いたようなラインが必要）。この観測結果によって、7keVの右巻きニュートリノが壊れて3.5keVのエックス線が出たというシナリオはほぼ否定されつつあります。

図 6-11-1 ● **右巻きニュートリノはダークマターではない証拠**

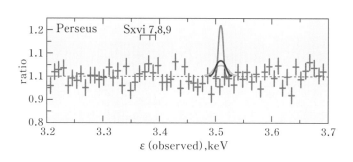

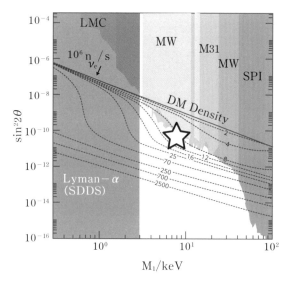

6-12

ダークマターの重さは どのくらいなのか？

―― 1keV ～ 10keV

　理論的な素粒子モデルの構築の観点からは、自然に右巻きニュートリノにも3世代ぐらいあると考えられています。いちばん重いものは、先に紹介したシーソーメカニズムとレプトジェネシスの成功のため、大統一理論（GUT）の10^{16}GeVぐらいの質量をもつのではないかと考えられています。

　一番軽い右巻きニュートリノは、せいぜい数keV辺りではないかと考えている研究者もいます。その意味では3.5keVのX線を出すような7keVの右巻きニュートリノは都合がよいのです。

　右巻きニュートリノがダークマターとしてちょうどよい重さは、1keV ～ 10keVぐらいと見積もられています。左巻きニュートリノは、量こそ多いのですが軽すぎるため（最大でも0.3eV以下）、ダークマター候補になれません。

　標準理論の左巻きニュートリノがダークマターになるためには、3eV程度必要です。ただ、左巻きニュートリノの数は、1cm^{3}あたり300個あるとわかっています。そこで173ページの注釈にもあるように、0.1eVを掛けても、ダークマターが必要とする質量数には大幅に不足します。

　ただし、7keVのニュートリノがダークマターだとすると、別の問題も生じます。それは7keV程度だと銀河をつくる密度ゆらぎを消し

第
6
章

ニュートリノが「新しい素粒子物理学」を拓く

185

てしまうのです。もっともっと重くないと、現実の銀河形成とは辻褄が合わないのです。

　前にも説明したとおり、ニュートリノは超高速で飛び回っています。銀河をつくるためにはゆっくり動くだけにしてくれないと困ります。その意味ではコールドダークマターでいてほしい、銀河を帳消しにするぐらい飛び回らないためには、重さが1MeV以上でないと、銀河形成という意味ではむずかしいといわれています。

　銀河クラスであればぎりぎり7keVでも大丈夫かも知れませんが、小さいライマンアルファ銀河^(＊)をすべて消してしまいます。

　そうすると、繰り返しになりますが、ニュートリノはダークマターになれないということになっています。

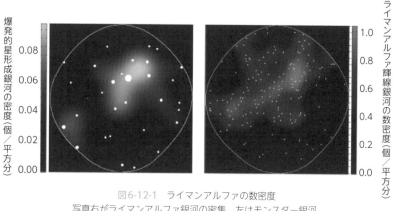

爆発的星形成銀河の密度（個／平方分）
0.08
0.06
0.04
0.02
0.00

ライマンアルファ輝線銀河の数密度（個／平方分）
1.0
0.8
0.6
0.4
0.2
0.0

図6-12-1　ライマンアルファの数密度
写真右がライマンアルファ銀河の密集。左はモンスター銀河。
両者は性質は異なるが、分布は似ている。

● なぜ右巻きがkeVレベルだといいのか？

　なぜ、右巻きニュートリノ（ステライル・ニュートリノ）でkeV単

（＊）ライマンアルファ銀河
ライマンアルファ（線）銀河とは、ライマンα線（波長122ナノメートルの紫外線領域）を放射する若い銀河のこと。

位の質量のものがあるとちょうどいいのか、その話をもう少し述べておきます。

　この右巻きの keV のニュートリノも宇宙初期には光子と熱平衡をして、光子と同じぐらいの数があったと考えられています。何が通常のニュートリノ（左巻き）と違うのかというと、相互作用が通常のニュートリノよりずっと弱いことです。弱い相互作用さえしない。このため、温度がだいたい1GeV（10兆度）よりずっと高い温度の時期に光子の熱浴からはずれてしまいます。

　次に、温度が100MeV（1兆度）あたりで「QCD相転移（＊）」という事象が起きます。QCD相転移のときに莫大な光子が放出されます。これは専門的な言葉でエントロピー生成とも呼ばれます。このとき、クォークと反クォークがほとんどなくなって、私たちがよく見かける陽子、中性子、あるいはπ粒子などをつくります。そして、この莫大な光子数の生成によって右巻きニュートリノは、相対的にとても薄められてしまいます。いまのこの部屋の中を飛び回っている左巻きのニュートリノの数よりも、すごく薄められるのです。

　右巻きニュートリノが重い場合にはダークマターになるかもしれないという計算をします。数密度と質量を掛けたときにダークマターとして観測される量にちょうどなればいいというふうに計算するのです。

　そうすると、右巻きニュートリノの質量がkeVぐらいの場合に、ちょうどダークマターの存在量の観測量（バリオン物質のエネルギー

（＊）QCD相転移

第4の相転移のこと。宇宙誕生より、10^{-4}秒後に起きたとされ、クォークとグルーオンがハドロンをつくった時期のことをいう。他にも3つの相転移があったとされている。まず、第1の相転移は、仮説の段階だが宇宙誕生より10^{-43}秒後にあったとされるもの。この時に重力が他の3つの力（相互作用）と分離したと考えられる。次に、第2の相転移が宇宙誕生より10^{-32}秒後にあったとされる。このときから「強い力」が分離したと考える。これは「大統一理論の相転移」とも呼ばれている。さらに、第3の相転移が宇宙誕生より10^{-10}秒後にあった。このとき以降、電弱相互作用という統一された力が「電磁力」と「弱い力」に分離した。これは「ワインバーグ・サラム理論の相転移」、もしくは単に電弱相転移と呼ばれる。

密度の約5倍）に一致するのです。大統一理論（10^{16}GeV）のスケールでもないし、左巻きニュートリノのような0.1eVといった小ささでもない。**観測から「keVぐらいならちょうど合う」という要請**なのです。

　昔は熱平衡になってたくさん存在していたけれども、途中で熱平衡から切れて、存在量が決まる。そのようなシナリオを凍結シナリオといいます。

アイスキューブで発見された 超高エネルギー

―― PeVニュートリノ

この章の最後に、南極のアイスキューブ (IceCube) で観測された「ダークマターの可能性」をもつPeVスケールという、超高エネルギーをもつニュートリノについてご紹介しておきましょう。1PeVとは1兆eVという意味です。

● 南極の氷の下の「アイスキューブ」

スーパーカミオカンデは岐阜県の神岡鉱山の地下1000mにありますが、もっと驚くべきところにもニュートリノの観測所があります。それがすでに何度か話の出てきた南極点近くのアムンゼン・スコット基地（アメリカ）の地下にあるアイスキューブ・ニュートリノ観測所です。

氷床1450 ～ 2450mの地下、その体積は1km³にも及びます（スーパーカミオカンデのタンクは約5×10^{-5}km³）。そこにはDOMと呼ばれる耐圧球の中に、5160個の光電子増倍管が据えられています。ここでは水の代わりに氷を使って、ニュートリノとの衝突を観測するしくみです。これまで、水チェレンコフによるニュートリノ観測はスーパーカミオカンデを含め、約数TeV程度までの大気ニュートリノしか観測できていませんでした。

6-13-1　南極に設置されたアイスキューブの光電子増倍管（再掲）

　しかし、宇宙線の中にはPeV（$10^9\mathrm{MeV}=10^6\mathrm{GeV}=10^3\mathrm{TeV}=\mathrm{PeV}$）
のエネルギーを優に超えるエネルギーをもつものもあります。このよ
うな宇宙線が宇宙空間の原子核にぶつかって、パイ粒子（π^+、π^-）
がたくさんつくられると、そのπ粒子の崩壊によってニュートリノが
つくられる可能性があります。その場合はPeVのエネルギーをもつ
ニュートリノが地球に降り注いでいても何も不思議ではありません。

　もう1つ、宇宙起源のニュートリノには大きな期待がかけられてい
ます。それは遠くの銀河の中でダークマターが対消滅もしくは崩壊し
たときに、ニュートリノがつくられ、地球に飛んできている可能性です。

　このような理由で、他では観測不可能な超高エネルギーのニュート
リノがこのアイスキューブでは検出することができるのではないか
と期待されていたのです。それが2013年に発表されました。PeVス

ケールのエネルギーのニュートリノが2011年に1イベントと2012年に1イベント観測されたのです。それらは、愛くるしいセサミストリートのキャラクターになぞらえて、バート（Bert）とアーニー（Ernie）と名付けられました。その後にもPeVスケールを大きく超えるニュートリノ、ビッグバード（Big Bird）が報告されています。その後、続々とPeVスケール近くのニュートリノが報告されています。

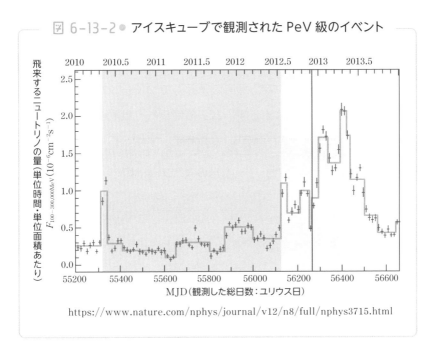

図 6-13-2 ● アイスキューブで観測された PeV 級のイベント

https://www.nature.com/nphys/journal/v12/n8/full/nphys3715.html

● ニュートリノ観測の新時代に突入

　起源はまだはっきりしていませんが、PeV ものエネルギーのニュートリノをアイスキューブで見つけたというのは、宇宙物理学的に非常に大きな意味があります。というのは、これまでは太陽ニュートリノ、超新星ニュートリノ、もしくは地球の大気中でつくられる大気ニュートリノを検出するのみでした。しかし、アイスキューブで、初めて宇宙線の中の高エネルギーのニュートリノを捉えたのです。

　10TeV以上のデータが揃ってきたとはいえ、まだ十分にはデータが溜まっていない段階なので統計的に確かなことをいう状況ではないのですが、現状でわかっているのは以下のようなことです。

　次の図6-13-3のグラフを見てください。タテ軸が観測されたスペクトルの量、ヨコ軸がエネルギーです。それなりに実験データの数が増えてきたのですが、不思議なことに、まん中辺りにはデータがあまり存在しません。そうすると、本当のスペクトルは、中間にデータが存在しない穴あきの形なのか、本当は直線状なのかがわかりません。

　これによって大きな理論の違いがあるのです。もし、通常の直線的なエネルギー分布をもつ宇宙線の陽子起源でつくられたニュートリノあれば、直線状になるはずです。ところがそれでは説明できない部分が存在する、とデータはいっているのです。

図 6-13-3 ● 本当のスペクトルは?

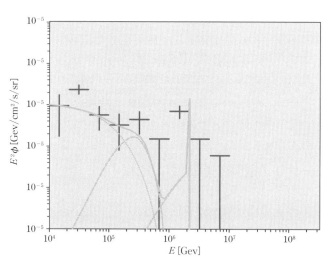

N. Hiroshima et al, Phys. Rev. D 97, 023006 (2018)

このように、直線状でないならば、PeV領域のニュートリノはダークマターが起源で、ダークマターが崩壊もしくは対生成してニュートリノを生成したのかもしれないという仮説が、にわかに現実味を帯びてきます。そうであればダークマター起源の宇宙線シグナルを初めて発見したこととなり、ダークマターの検証につながります。

　しかし、残念ながら、データ数が不足しているため、まだ統計的に決着をみていませんが、非常に面白いデータです。今後のデータの蓄積が楽しみになってきています。アイスキューブが稼働していることにより、PeVを越える高エネルギーニュートリノを捉えるという**ニュートリノ観測の新時代に入った**ということなのです。

　アイスキューブではPeVという、これまで人類が捉えたことのないほどの高エネルギーのニュートリノを検出しました。それは、現時点では単純な宇宙線起源のニュートリノでは説明できないのです。

　また、これまで説明してきた比較的軽いダークマターより、もっと重い質量が必要で、ちょっと違うようにも思われることから、もしかしたら「PeVより重い右巻きニュートリノが崩壊、もしくは対消滅したのかもしれない」とも推測されています。

　もし、PeVより重い右巻きニュートリノがダークマターであって、それが崩壊、もしくは対消滅した結果、そうしたPeVを超えるエネルギーをもつ高エネルギーニュートリノを放出して地球に届いたとしても不思議ではありません。その意味で、専門の研究者の間では非常に話題になっています。

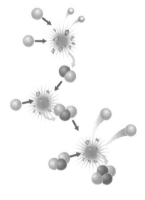

第**7**章

重力波をどのようにして捉えるのか？

重力波を伝えるのは時空自身

── アインシュタイン「最後の宿題」

2017年のノーベル物理学賞は、アメリカのLIGO（ライゴ：Laser Interferometer Gravitational－Wave Observatory）による、重力波の発見に対して贈られました。受賞したのは、レイナー・ワイス（マサチューセッツ工科大学名誉教授）、バリー・バリッシュ（カリフォルニア工科大学名誉教授）、キップ・ソーン（カリフォルニア工科大学名誉教授）の3人です。

その重力波初観測の記者会見は2016年2月にあったのですが、実際には2015年9月14日に最初の重力波を発見していました。この天体はGW150914と名付けられています。

● 重力波とは何か？

重力波は、ブラックホールや中性子星など、非常に重くてコンパクトな天体が、球対称からずれた運動（ひしゃげた運動）をしたときなどに放出する「時空のさざ波」のことです。天体同士の衝突、たとえば双子星の衝突なども球対称からすごくずれた運動になり、その結果、重力波が生じます。

また、宇宙誕生時の急膨張（インフレーション膨張）や相転移に伴う現象などの際にも、重力波が生じます。**波を伝えるのは、時空（時間・空間）自身**です。専門的にいうと、振動に加えて横方向の動きを

ともなう「四重極」の運動が効くときに放出されるのです。

　重力波は「**アインシュタイン方程式の解**」として予言されていたものですが、アインシュタイン自身は波として本当に観測可能な存在として信じていなかったかもしれないともいわれています。

　アインシュタイン方程式とは以下のようなもので、左辺が時空の曲がり具合、右辺が物質場の分布を表わしています。詳細は次ページのコラムを参照してください。

アインシュタイン方程式

$$G_{\mu\nu} \quad + \quad \Lambda g_{\mu\nu} \quad = \quad \kappa T_{\mu\nu}$$

（時空の曲がり具合）　　　　　　（物質場の分布）

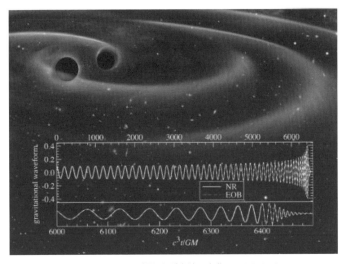

図7-1-1　LIGOの捉えた重力波　出典：LIGO.ORG

$$h \simeq \frac{M^2}{rR} \lesssim 10^{-21}$$

　2016年2月にアメリカのLIGO（ライゴ：Laser Interferometer Gravitational-Wave Observatory）が「重力波を発見した」と発

表しました。より正確な名称はLIGOをアップデートしたaLIGO（Advanced LIGO）です。実際には2015年9月14日などに重力波を発見していました。後でも詳しく述べますが、その後の発表もあって、これまで50の重力波イベントを報告しています。

　驚くのは、波の振れ幅は原子核の大きさのわずか1000分の1程度という小ささです。LIGOの施設は全長が4kmほどもありますが、振幅hは、ブラックホール連星の質量mと、2つの距離Rと、地球までの距離rで表わされ、具体的な数値を入れると、10^{-21}という、とても小さな数になります。

宇宙の小窓

アインシュタイン方程式を変形すると「重力波」を予言できる

　アインシュタイン方程式というのはむずかしい式で、下のように書けます。ここでは宇宙定数Λ（ラムダ）の項（宇宙項）を無視しました。

$$G_{\mu\nu} + \Lambda g_{\mu\nu} = \kappa T_{\mu\nu}$$

　この小さな字（添え字）のμ（ミュー）とν（ニュー）の部分には、0〜3までの数値を入れる形式になっています。ですから、$G_{\mu\nu}$であれば、$G_{00}, G_{01}, G_{02}……G_{33}$まで、00〜33までの16成分を入れます。

　左辺には$g_{\mu\nu}$という項が入っています。この部分を分解すると、次のようになります。

$$g_{\mu\nu} + \eta_{\mu\nu} = h_{\mu\nu}$$

　またむずかしそうな式が出てきましたが、$g_{\mu\nu}$は空間の曲がり具合を示す量で、曲がっているときの計量と呼ばれるものなのです。

右辺の1項目は、曲がっていないときの時空の計量です。これを $\eta_{\mu\nu}$ で表わして「ミンコフスキー時空の計量」といいます。さらに隣の $h_{\mu\nu}$ は曲がっていない時空（ミンコフスキー時空）からのずれを表わしています。このずれ $h_{\mu\nu}$ こそ「重力波」なのです。

　この式を変形し、弱い重力場にするために近似して解くと、次のようなさらに難解な式が出てきます。

重力波の波動方程式

$$\left[\Delta^2 - \frac{1}{c^2} \frac{\partial^2}{\partial t^2} \right] h_{\mu\nu} = -2\kappa T_{\mu\nu}$$

　これが重力波の「波動方程式」です。相対論的な波の方程式になっています。

　ここで、左辺のカッコの外にある $h_{\mu\nu}$ が時空のずれを表わし、右辺の $T_{\mu\nu}$ にエネルギーに相当する量が入ります。そこで右辺の $T_{\mu\nu}$ にエネルギーがあると、左辺 $h_{\mu\nu}$ で時空が曲がるということを表わします。逆に、左辺の $h_{\mu\nu}$ で時空が曲がっていると、右辺の $T_{\mu\nu}$ のエネルギーを生む——この方程式は、そのような構造を示しています。

　このように、アインシュタイン方程式を変形するだけで、「時空が曲がる → エネルギーを生む → 重力波が発生する」を理解する方程式になります。ちなみに、この $h_{\mu\nu}$ すべてが重力波ではなく、これにトランスバース・トレースレスという条件を課して、物理的なモードのみを抜き出す作業も必要です。

天体のイベントと宇宙誕生時の様子を知る

―― 重力波検出の意味

　重力波がなぜ重要なのかは、天文学者・素粒子の研究者の中でも認識がそれぞれ異なると思います。ましてや、一般の方にとっては「アインシュタインの最後の宿題が解けた」ということに関心が集まっているかもしれません。

　では、天体からやってくる**重力波からいったい何がわかるのか**を考えてみましょう。実は、次のように、次々とイモヅル式に疑問や問題解決の糸口が見つかりそうなのです。

　まず第1に、アメリカの重力波観測装置aLIGO（Advanced LIGOの略：LIGOの検出能力を4倍高めた装置）が発見した「GW150914」（2015年9月14日）は、双子のブラックホールの合体時に放出された重力波でした。この**重力波を観測する**ことで、**双子のブラックホールの合体の時期がわかる**のです。さらに、双子のブラックホールをつくるプロセスのモデルについてのヒントが得られます。そして、ブラックホール同士の衝突によって雪だるま式に重いブラックホールがつくられたことが示唆されました。ここまではテレビ、新聞、雑誌などでも話題になった内容です。

　第2に、そのブラックホールをつくることができる「重い星」、もしくは宇宙初期につくられた**ブラックホール（原始ブラックホール）の歴史がわかる**可能性があることが重要です。

いま「重い星」と述べました。これは種族Ⅲ^(*)のファーストスター（宇宙で最初に生まれた恒星。宇宙の一番星）と呼ばれる、宇宙で最初に誕生した恒星かもしれないし、あるいは種族Ⅱと呼ばれる銀河ハローに付随した古い星かもしれません。大事なのは、重力波を研究することで、ブラックホールがいったいどのようにしてできたのか、その起源がわかる可能性があるということなのです。

第3に、それがさらに双子の星、つまり、連星をつくらないといけないという制約があります。また、その連星間の距離は近くて、観測されたように、宇宙年齢138億年以内に合体しないといけないことになります。距離が遠い連星だと、宇宙年齢では合体しないのです。

第4に、種族Ⅲの星（ファーストスター）の形成のメカニズムがわかってくると、ファーストスターの後につづく銀河がどのようにしてできたのか、その起源の解明にも繋がります。

第5に、宇宙初期につくられた原始ブラックホールだった場合には、それをつくるインフレーションモデルに依存します。ブラックホールはその巨大な質量に比べれば、非常に小さな大きさです。小さいスケールでの密度ゆらぎが大きい場合にブラックホールになりますが、それを説明するようなインフレーションモデルでないといけません。

また、インフレーションに頼らないで、小さなスケールの大きな密度ゆらぎをつくるモデルも、多数提案されるようになりました。いずれにせよ、宇宙初期を探る道具となるのです。

第6に、銀河形成のメカニズムがわかると、私たちの太陽のような種族Ⅰの恒星とか、太陽系の中での地球の形成メカニズムなどもわかります。それにより生命の起源、人間の起源にまで影響を与えます。

（＊）種族
恒星の分類方法。最初は種族Ⅰ、種族Ⅱに分けられたが、後に種族Ⅲが追加された。我々の太陽は種族Ⅰに属する。

このように、ブラックホール連星の合体という天体イベントを、今回得た重力波の情報から矛盾なく説明することができれば、私たち人間の起源の解明にも関係してくるということです。これこそ、天体イベント（ブラックホールの衝突、超新星爆発など）から生じた重力波の謎をひもとき、理解していこうという目的の1つです。

● 「宇宙背景重力波」で何がわかるか？

もう1つ、重力波をひもとく目的があります。それは将来のCMB（宇宙マイクロ波背景放射）のB-モード観測という方法を通して、「宇宙背景重力波」と呼ばれる、宇宙初期から、宇宙全体に存在する重力波を間接的に観測できる可能性を探ることです。さらにいえば、LISA(*)、DESIGO(**)、BBO(***)、または将来のET(****)などの重力波検出装置によって、間接的どころか、直接的に重力波を観測できる可能性を探ることです。

これは天体イベントの観測ではなく、**宇宙誕生時の様子を重力波で観測すること**になるのです。なぜなら、その背景重力波は、宇宙初期のインフレーション膨張のときの時空自体のゆらぎを観測していることになるからです。

（＊）LISA（リサ）
欧州宇宙機関が2034年に打上げをめざしている宇宙重力波望遠鏡のこと。レーザー干渉計宇宙アンテナ（Laser Interferometer Space Antenna）の略。
（＊＊）DESIGO（デサイゴ）
日本が計画する宇宙空間での「重力波望遠鏡」のこと。デシヘルツ干渉計重力波観測所（Deci－hertz Interferometer Gravitational wave Observatory）の略。
（＊＊＊）BBO
LISAの後継機。ビッグバン・オブザーバ（Big Bang Observer）の略。ビッグバン直後の宇宙背景重力波の観測を目的とする。
（＊＊＊＊）ET
アインシュタイン望遠鏡（Einstein Telescope）。干渉計のサイズをVirgo検出器のアーム長3kmから10kmに拡大し、感度を大幅に向上させている。次世代地上重力波検出器。

直接の背景重力波を観測装置で検出することによって、インフレーション期の宇宙の膨張率を詳細に知ることができると考えられています。宇宙の膨張率は、その時期のエネルギースケールと関係がつきますので、膨張率を測ると、宇宙のエネルギースケールがわかることになります。これは天文学・物理学にとってたいへん大きな意味をもちます。

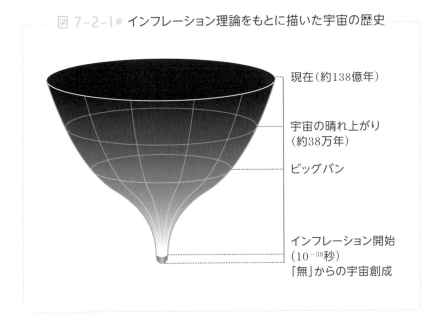

図 7-2-1 ● インフレーション理論をもとに描いた宇宙の歴史

現在（約138億年）

宇宙の晴れ上がり（約38万年）

ビッグバン

インフレーション開始（10^{-38}秒）「無」からの宇宙創成

　このように、重力波の観測には、
①ブラックホールの衝突、中性子星の衝突、超新星爆発など、宇宙に起こる天体イベントによって起きた重力波を検出することで、ブラックホールの形成、銀河の形成などがわかる可能性がある
②宇宙初期のインフレーションにより作られた重力波を検出することで、宇宙誕生時の様子を理解できる可能性がある
　この2点が重力波研究の重要な意味だと私は思っています。

7-3

ブラックホールの質量が消えて エネルギーになった！

―― 重力波の検出の方法

● 光が出ない「重力波」のイベント

重力波とは「時空のさざ波」のことでした。どのような時に時空の さざ波がつくられるかというと、**空間が激しく揺らされるときに重力 波が生まれる**のです。次の画像は、2015年9月、2つのブラックホー ルが衝突したときの様子（シミュレーション図）です。

図7-3-1　重力波のシミュレーション　出典：LIGO.ORG

これは地球から13億光年先、つまり今から13億年前に起こった衝突でした。ちなみに、現在の本当の距離は伝わってくる13億年の間にさらに宇宙膨張によって遠ざかっていますので、13億光年よりもっと遠いのですが、ここではそうした変更には触れないことにします。このブラックホールは太陽に比べて非常に重く、太陽の29倍と36倍が衝突しています。当然、65倍のブラックホールになると思われます。

ところが、残されたブラックホールは太陽質量の62倍。残りの太陽の3倍の重さはどこに消えたのか。そうです、**消えた重さはすべて、重力波のエネルギーに変わったのです。**

● 「太陽質量3倍の重力波」のエネルギーとはどのくらいか？

この3倍の太陽質量のエネルギーが果たしてどれほどのものか、よく知っている式で簡単に計算できます。

$$E = mc^2$$

上のアインシュタインの相対性理論の方程式で見ると、右辺で太陽の3倍の質量（m）が消えたため、左辺でE（エネルギー）に変換されたということです。

まず、太陽の質量、光速などの値を入れますと、

$m = 2 \times 10^{30} \text{kg}$ （正確には $1.9891 \times 10^{30}\text{kg}$）

$c = 3 \times 10^8 \text{m/s}$ （正確には $2.9979 \times 10^8\text{m}$）

です。カッコ内の正確な数値ではなく、概数を使って計算することにします。これを先ほどの$E = mc^2$の式に代入すれば（太陽質量のまま）、

$mc^2 = (2 \times 10^{30}) \times (3 \times 10^8)^2 \text{ kg} \cdot \text{m/s} = 1.8 \times 10^{46} \overset{\text{ニュートン・メートル}}{\text{N}} \cdot \text{m}$

$= 1.8 \times 10^{47} \text{J}$　　これが太陽質量のエネルギー

実際には「太陽質量の3倍」の重力波だったので、

重力波のエネルギー ＝ （3m）c^2＝5.4×10^{47}J

このエネルギーの大きさは、TNT火薬であれば1.29×10^{38}トン分（広島原爆は1.5×10^{4}トン）に相当します。

つまり、**太陽の3倍の質量が全部消えてなくなり、それらがすべてエネルギーに変わり、重力波として地球にまで届いた**、というわけです。とても興奮する宇宙イベントだったといえます。13億年かけて、私たちの地球まで届いたのです。

7-4

なぜ、場所を正確に 特定できなかったのか？

── 重力波の方向

アメリカのLIGOの優れていた点は、同じ重力波観測施設を2か所で建設していたことと、施設の向きを変えていたことの2点です。LIGOは直角に交わる4kmの構造物で、これをワシントン州ハンフォード、ルイジアナ州リビングストンの2か所に設置し、しかも異なる角度で配置されていました。

こうしておくことで、重力波が来た場合、どちらかの腕（直線部分）を短くしたり長くしたりします。そうすると、重力波が届いたことがわかるだけでなく、重力波の方向もおおよそわかります。

図 7-4-1 ● 2台のLIGO（ハンフォード、リビングストン）

ワシントン州ハンフォード

ルイジアナ州リビングストン

「おおよそわかる」という曖昧な表現をしましたが、それは装置の精度の問題というよりも、主に、「検出装置の台数が少なかった」ことに起因しています。LIGOが1つでは「重力波が来た！」ということしかわかりません。LIGOを遠く離れた場所に2つ設置することで、おおよその方向・距離がわかります。もし、3台目を別の場所に設置してあったなら、ブラックホール発生の場所を特定できたはずです。

これは後にヨーロッパ（イタリア）のVirgoが加わることで実現しました。2017年8月に見つかったGW170814というブラックホール連星の合体からの重力波の検出では、これら3台が連携することにより、精度よく、距離（540^{+130}_{-210} Mpc $^{(*)}$）を約数十％の精度で、また、方向を約10°四方内で決定しています（約100平方度）。

ただ、LIGOには2台（ルイジアナ州リビングストン、ワシントン州ハンフォード）あったことが大きかったといえます。まず、ルイジアナ州で「来た」ことを検出し、その後にワシントン州でも「来た」と、自分たち自身で重力波を検証できたことです。しかも、ワシントン州とルイジアナ州の2点間を光速で通過したことの証拠、「ずれ」が波形の違いにも現れています。

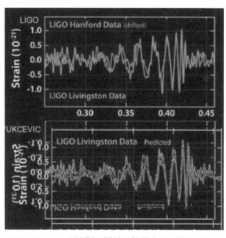

図7-4-2　2つの波形は誤差の範囲内で一致している
出典：LIGO.ORG

（＊）Mpc
pc(parsec)は天文学での距離を表わす単位。1pc＝約3.26光年(約3.1×10¹³km)。Mpcはメガ(10⁶)パーセクなので、540Mpcなら、およそ540×300万光年＝16億2000万光年に相当する。

7-5

世界の重力波施設を見る

—— LIGOのしくみ

図7-5-1　ワシントン州ハンフォードのLIGO

　LIGOは自分の腕に沿ってレーザーを飛ばし、その端で跳ね返し、また戻ってきたレーザーを観測します。レーザーとはコヒーレントな光のことです。2本の垂直な腕について、もとは同じ波の位相をもつレーザーを2つに分けて、それぞれの腕で同じことを行ないます。ちょうど同じタイミングで戻ってきたときは、光の波の位相は同じなので、光の強さは乱れません。けれども、重力波がやってきて時空を歪め、それぞれの腕の長さが変わったとき、戻って来た2方向からの2つの光の波の位相にずれが生じます。

　波の位相が少しずれると、波と波が干渉しあいます。光は位相がず

れた光同士が合わさると、縞（しま）模様をつくるため（干渉縞）、「重力波がきた！」ことがわかります。

　そして、その縞を見て、そのような縞をつくるような波の性質を再構成します。波長、振幅、時間変化などです。LIGOチーム（後にVirgoチームも参加）から発表された波形も、位相のずれをもとに再構成したものです。

図7-5-2　ハンフォードとリビングストンのLIGO　出典：LIGO.ORG

図 7-5-3 ● 重力波を検出するしくみ

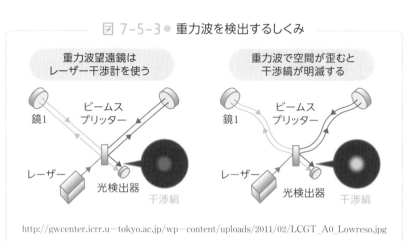

http://gwcenter.icrr.u-tokyo.ac.jp/wp-content/uploads/2011/02/LCGT_A0_Lowreso.jpg

図7-5-4　LIGOの真空
装置（左）とモード繰り
の取り付け（右）
出典：LIGO.ORG

● 日本の重力波施設

　日本は重力波については小さい実験から始めたので、テーブルの上の載せられるような小型の干渉計からスタートしました。けれども、アメリカではファブリ・ペロー型という、大きい干渉計をつくりました。LIGOでレーザーを飛ばし、そのずれから干渉を調べる装置です。

　日本で成功しているのはTAMA300という国立天文台がつくったレーザー干渉計です。性能的には連星の中性子星の衝突時の重力波を捉える能力をもっていますが、天の川銀河内でこのようなイベントが発生するのは数十万年に1度とされ、年に数回捉えるには、2ケタの能力アップが必要だとされています。その能力をもったものがKAGRA（＊）です。

（＊）KAGRA（かぐら）
岐阜県神岡町の神岡鉱山近くには、カミオカンデ、スーパーカミオカンデ、カムランドなどがある。次の成果が期待されているのがKAGRA（大型低温重力波望遠鏡）。正式にはLCGT（Large-scale Cryogenic Gravitational wave Telescope）と呼ばれ、KAGRA（かぐら）は愛称。「望遠鏡」の名前が付いているが、KAGRAは地下200mに建設され、基線長は3kmで「重力波」の観測を行なう。

図7-5-5　建設中のKAGRA

　アメリカのLIGOは現在、ルイジアナ州とワシントン州の2か所にあり、さらにインドにIndIGO（インディゴ）という名称で3か所目をつくろうとしています。3か所あれば、重力波を検出した場合に独自に場所を特定できます。

　それに対し、さしあたり日本はKAGRAの1か所だけの予定ですから、KAGRAだけで位置を特定することはできません。そこで、LIGOなど世界の重力波施設と協力しながら、4か所目、5か所目の有力な場所として参加し、重力波研究で協力しようという提案です。

　KAGRAは地下200mの深さにあるだけでなく、検出器（サファイアの鏡など）をマイナス253℃まで冷やすことで、感度を制限する熱雑音の低減をめざしています。反射鏡は世界でも最低振動の電気冷凍機で冷やします。こうすることでノイズが抑えられ、LIGOよりも感度が上がることが期待されています。この低温技術こそが、KEKが参加していることの最大の意義です。

第**8**章

重力波、ついに
直接観測で発見！

8-1

「宇宙誕生」の情報をもたらす重力波

—— インフレーション理論

● 天体の情報にとどまらない重力波の可能性

重力波というと、ブラックホール、中性子星、超新星の3つが話題になりましたが、それらは突発的に起こる天体からの「瞬間」的な重力波で、その宇宙ショーともいえるイベントが起きたことを知らせます。ただ、その重力波が通り過ぎると、もう情報はなくなります。

その意味で、2015年9月にLIGOが捉えたものは、「13億光年先の天体からやってきた重力波」です。

しかし、それは宇宙年齢からすれば比較的最近の天体イベントにすぎません。もっともっと古い時代、宇宙が生まれた頃の姿を重力波で見ることはできないのでしょうか。その可能性が**インフレーションによってつくられた重力波**です。

● なぜ、宇宙は急速な膨張をしているのか？

宇宙は138億年前に、「ビッグバン」と呼ばれる超高温・超高圧の"火の玉"として生まれ、その後、宇宙の急速な膨張とともに温度・密度が下がり、現在の姿になったとされています。これがビッグバン宇宙論と呼ばれているもので、現在、多くの研究者に支持されている標準的な宇宙論です。

では、なぜ"火の玉宇宙"という、超高温・超高圧の世界が生まれ

たのでしょうか。なぜ宇宙は定常ではなく（同じ大きさのままではなく）、急速な膨張を始めたのでしょうか。現在、その1つの解として有力視されているのが、何度か話の出てきた「インフレーション理論」(*)です。この理論では、**宇宙の初期には物質も光もなく、真空のエネルギーが充満していた**という考えに基づきます。その真空のエネルギーを使って、宇宙空間そのものが光速よりもはるかに速い速度で指数関数的に膨張します。そして、インフレーションが終了すると、その真空のエネルギーが光（火の玉）に変わり、ビッグバンの超高温・超高圧の宇宙を生み出したというものです。

　ただ、通常のようにエネルギーが宇宙に存在すれば、重力により引力が働いて引き戻そうとする力もあるようにも思えます。**なぜ、光速を超えるような速度で空間が広がるインフレーション膨張が起きたのでしょうか。それを説明するのが「インフラトン場」という量子場の真空のエネルギーの存在**です。

　インフラトン場は未発見のスカラー場だと考えられています。現時点では、その存在は単に仮定されているだけにすぎません。既知のスカラー場といえば、2012年にスイスのジュネーブにある欧州原子核研究施設CERNのLHC実験で発見が発表されたヒッグス粒子にともなうヒッグス場の存在が知られています。2013年にノーベル物理学賞を受賞したので、記憶に新しいのではないでしょうか。

（*）インフレーション理論とビッグバンのネーミング
1981年、佐藤勝彦さんが大統一模型における真空の相転移にともなう指数関数的膨張宇宙を提唱し、同年、アラン・グースも同様の考えを発表。宇宙誕生の次の瞬間（大統一理論に起因するならば約10^{-38}秒後〜10^{-36}秒後）から、光を超えるスピードで指数関数的に宇宙は広がり、その後、ビッグバンの"火の玉"宇宙に移ったとされる。1980年にアインシュタイン重力の修正という観点から指数関数的膨張宇宙を提唱。なお、20世紀初頭までは、「宇宙は永遠に変わらないもの」（定常宇宙論）とされ、始まりもなく、終わりもなく、大きさも永遠に変わらないと考えられていた。その定常宇宙論の急先鋒だったフレッド・ホイルがラジオ放送で「宇宙に始まりがあった？　このおおぼら吹きめ（this 'big bang' idea）」と叫んだことで、「ビッグバン」という名前が定着した。当時、アインシュタインでさえ定常宇宙論を信じ、膨張宇宙を否定していたが、観測によりそれを打ち消したのがエドウィン・ハッブルとジョルジュ・ルメートルである。

インフラトン場とは

インフラトン場はヒッグス場と比べて、質量や他の粒子との結合の強さなどはまったく違うと考えられています。インフラトン場の真空は長い時間、負の圧力を生み出します。この負の圧力が、宇宙の加速膨張を引き起こします。

この点は、現在のダークエネルギーの機構と似ています。ダークエネルギーも、未発見のスカラー場ではないかと考えられています。インフレーション期と同様に、現在の宇宙は、ダークエネルギーに相当する未知のスカラー場の真空のエネルギーにより、全宇宙のエネルギーの70%が占められていると考えるのです。

この真空のエネルギーにより、現在30%もある物質のエネルギーと0.1%ほどの光（放射）のエネルギーによる引力に勝って、現在の加速膨張を引き起こしていると考えるのです。ちなみに物質のエネルギーや光のエネルギーが100%だったとしても、減速膨張をするだけで、潰れるわけではありません。膨張の初期速度が速かったせいで、永遠に膨張することは決まっています。

宇宙の始まりの第一歩「原始重力波」

インフレーション膨張が終わると、急速に空間エネルギーから物質のエネルギーに転換し、その際、超高温・超高圧の輻射優勢の宇宙へと変化しました。これが"火の玉"ビッグバンです。

インフレーション理論が果たした役割は、いくつもあります。まず、いま説明してきたように**光速を超える速さで膨張して大きな宇宙をつくった**こと。これにより、現在見えている（宇宙の地平線内での）宇宙の温度は、等方的に約10万分の1の精度で絶対温度2.723Kです（約3K宇宙マイクロ波背景放射（CMB））。2つ目として、その急膨張に

より、風船が大きく膨らむように、宇宙の形を幾何学的に平坦にしたことです。

　そして、インフラトン場の量子ゆらぎが、宇宙初期起源の物質のゆらぎの起源となっており、3K宇宙マイクロ波背景放射の温度のゆらぎとして観測されています（3つ目）。インフラトン場は量子ゆらぎをもっています。この小さなゆらぎが短時間のインフレーションによる急激な膨張で一気に宇宙の地平線を越えて引き延ばされます。それが現在の密度ゆらぎとなり、**銀河をつくる種となった**と考えられています。CMBの観測により確認した「温度ゆらぎ」は、まさにインフレーション時につくられたインフラトン場の量子ゆらぎだったのです。

　加えて、重力波に関していうと、インフレーションは上述の密度（温度）ゆらぎだけでなく、「時空のゆらぎ」をつくるのです。急激な膨張により、真空が時々刻々と変化し、重力子ですら対生成されるので

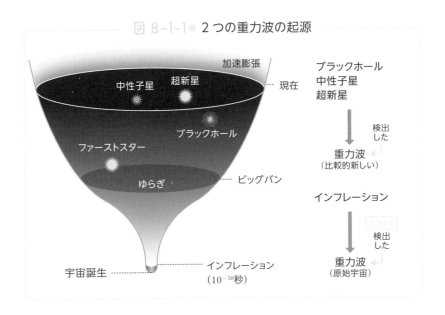

図 8-1-1● 2つの重力波の起源

す。ブラックホールの周りでのホーキング輻射の機構と似ています。

　これが現在、重力波として振る舞って存在すると考えられ、「原始重力波」と呼ばれています。宇宙全体でつくられたということから、背景重力波とも呼ばれます。この背景重力波を検出することは、インフレーション理論の証拠となるだけでなく、宇宙のはじまりの研究に大きな一歩となるのです。

● 宇宙初期の「重力波」はノイズとして漂っている

　LIGOの観測したブラックホール連星のつくった重力波は、その波が地球を通り過ぎればイベントとしては終わりです。ブラックホールだけでなく、中性子星の連星の合体、超新星爆発なども同様です。

　けれども、インフレーションによる重力波は違います。宇宙のあたり一面に重力波が満ち満ちています。ただ、ホワイトノイズのように存在しているため、波としては、わかりにくい状態です。このため、背景重力波と呼ばれます。波の種類としては、定在波と呼ばれます。これをどのようにして見つけるかが現在の課題です。

　重力波は光の波とは違い、図8−1−2のようなプラス（＋）モード、クロス（×）モードという2種類の偏光モードがあります。プラスモードはタテ・ヨコに伸び縮みし、クロスモードは斜めに伸び縮みするの

図 8-1-2 ● 2つの重力波の起源

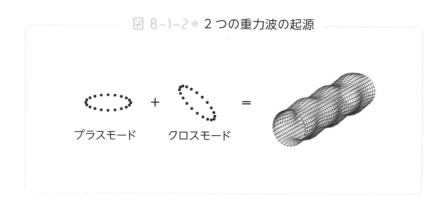

プラスモード　　クロスモード

で、この名前があります。この2種類を重ね合わせると、図の右のような形になって伝わっていきます。

　ブラックホールから来る重力波は時間とともに進む波でしたが、インフレーションがつくった重力波は「背景重力波」と呼ばれる定在波で、まさに宇宙空間にノイズのように満ち満ちているタイプです。これが見つかれば、インフレーション理論が証明されることになります。

宇宙の小窓

インフラトン場とは？

　インフレーション膨張を引き起こしたとされる「インフラトン場」というのはどのようなものでしょうか。

　繰り返しになりますが、インフラトン場は、未知のとても重いスカラー場だと考えられています。重さは、10^{13}GeV以下と、上限が得られています。現在の低エネルギーの宇宙では存在できないし、現在の技術で到達できる最も高いエネルギー（数10TeV、つまり数10京度の温度に相当）の衝突実験でも生成できないため、これまで発見されていないと解釈します。

　素粒子には、それに付随する「量子場」が存在します。具体的には、ヒッグス粒子にはヒッグス場が付随します。ヒッグス場のようなスカラー場には、その場が存在する確率が最も高い期待値と呼ばれる場の値（真空の値）のところに存在していると理解します。そしてその場の値の周りに、量子ゆらぎというものをもってゆらいでいるのです。この量子ゆらぎは、ミクロなスケールでのみ意味をもちます。

　私たちが生活しているような大きなスケールで見ると、量子ゆらぎは、あたかもないように見えます。そのため、普段の生活では意識できません。身近なところでは、回路に使うダイオードのしくみなどがあります。電子回路の中でも、電子が粒のように振る舞うような小さなスケールで見ると、電子の周りに存在する電子の量子ゆらぎが重要となります。その量子的なゆらぎを利用し

て、回路の中でゆらぎによるジャンプで飛び越えられるような方向にしか電流が流れないという、ダイオード特有な状況がつくられています。量子論は現代のテクノロジーに使われているのです。

こうした、初期宇宙におけるインフラトン場の量子ゆらぎを考慮すると、インフレーション膨張は、まだ小さかった宇宙の場所・場所ごとに同時に起きたのではなく、宇宙の場所・場所ごとにインフレーション膨張の始まる時期と終わる時期がゆらぎにより異なるという状況が生まれます。量子ゆらぎによって時間的にゆらいでいるのですが、インフレーションという急激な膨張によって地平線を超えるような古典的なゆらぎになるせいで、巨視的な場所・場所ごとに違う密度になるのです。それが「密度ゆらぎ」もしくは「温度ゆらぎ」をつくりました。

最初は量子ゆらぎとして生まれたものが急膨張により引き伸ばされ、空間的な密度ゆらぎに変化したのです。

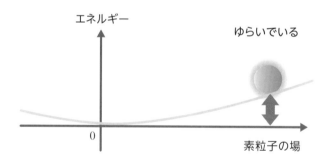

8-2

重力波は1年に 9～240個ぐらい見つかる

—— 重力波をグラフで読みとく(1)

● 重力波は1年間にどの程度見つかると予想されているか？

　重力波の検出のチャンスは、aLIGOで1年に約10個程度とみられ
ています。2020年10月1日発表のデータリリースによると、aLIGO
とaVirgoの共同研究により、これまでに累計50個の重力波イベント
が報告されています。

　最近はインターネットにもさまざまな専門的な図などが掲載される
ことがありますので、それらをどう見ればいいのか、少し解説してお
きましょう。そうすれば、新聞などに「1年に10個」と書かれていて

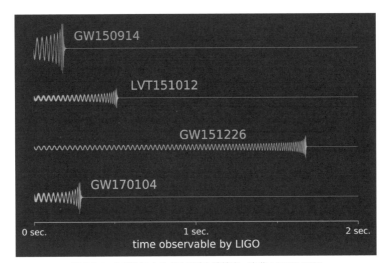

図8-2-1　LIGOによる4回の重力波検出　出典：LIGO.ORG

も、自分でどういう意味なのかを理解しやすくなると思うからです。

　図8−2−2のグラフは、1辺が1ギガパーセク（32.6億光年）の立体空間で見たとき、重力波を1年間に何個ぐらい見つけられるか、ということを示すものです。LIGOの性質を考えると、グラフのピークになっている地点ぐらいであれば観測できる確率が高い、という意味です。

　2015年に発見された3つの重力波を考えると、GW150914（2015年9月14日）、次にLVT151012（10月12日）、そしてクリスマスに見つかったGW151226（12月26日）は、それぞれのグラフの山の右端の位置から判断すると、1年間に、

　　GW150914‥‥‥‥10^1個 ＝ 数10個
　　LVT151012‥‥‥ 10^2個 ＝ 数100個
　　GW151226‥‥‥‥10^2個 ＝ 数100個

ほどの見つかりやすさの重力波だったといえます。

　図8−2−2のグラフの下に書かれているように、実験設備としては1年間にだいたい9個〜240個ぐらい、理論的には0.1個〜300個

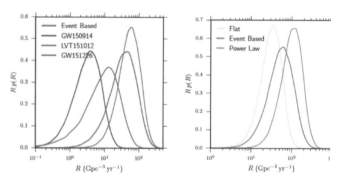

Conservative 90% credible range on the rate of BBH coalescences: 9-240 Gpc^{-3} yr^{-1}
(Theoretical expectations were 0.1-300 Gpc^{-3} yr^{-1}).

17/05/03　　　　　　　　Kaz Kohri, Kanazawa
　図8-2-2　重力波を観測できるチャンスが「1年に何個」というのは？

ぐらいの期待値と考えられているので、1年間に数個ほど見つかるのは妥当な範囲と考えています。その意味では、最初に発見されたGW150914はかなりラッキーな大物で、クリスマスに見つかったGW151226のレベルであれば、今後もかなり頻繁に見つかりそうだといえます。

● 振動数が上がるのが重力波の特徴

　次に、重力波の波形を見ておきましょう。図8−2−3のグラフのヨコ軸が時間、タテ軸が振動数です。グラフを見ると、ルイジアナ州（リビングストン）とワシントン州（ハンフォード）の2台のLIGOで同じような振動数の上がり方が観測されています。

　2つのブラックホールが近づいて衝突するというときには、振動数が上がることが知られています。天体間の距離が縮まっていくせいで、周期は短くなり、周期の逆数である振動数は上がるのです。グラフの右側で振動数が時間とともに急激に上がっている様子が見えますので、連星が衝突しようとしている証拠です。

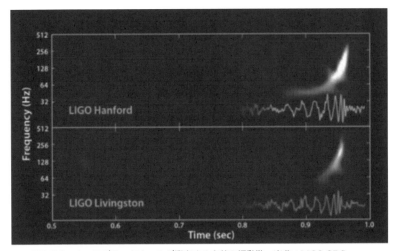

図8-2-3　2つのブラックホールが衝突する直前の振動数　出典：LIGO.ORG

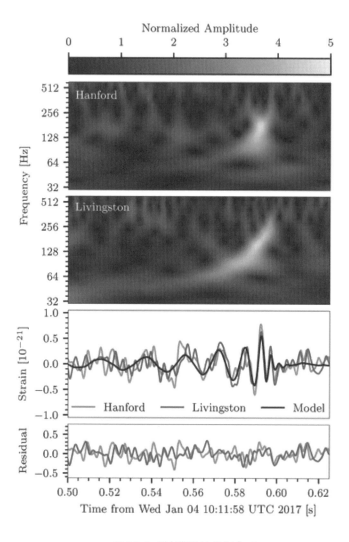

図8-2-4　重力波信号からのデータ
出典：https://www.ligo.caltech.edu/LA/image/ligo20170601d

8-3

ブラックホールの質量、距離を推定する

—— 重力波をグラフで読みとく(2)

● ブラックホールの質量にも誤差がある

　LIGOが捉えた最初のブラックホール連星は、合体後、太陽質量の62倍になったといいました。実際には誤差があります。次の図8-3-1のグラフを見ると、ヨコ軸で62倍の位置がいちばん高くなり、両側に裾野が伸びています。この見方は、「62倍±5ぐらいの幅（誤差）をもって見る」という意味です。

　タテ軸はブラックホールの回転を表わしています。典型的なブラックホールの角運動量を0から1ぐらいの間で図示しています。0は無回転で、1は最大限の回転を表わします。GW150914の場合には0.67±0.07ぐらい（0.60 〜 0.74ぐらい）と見積もることができます。

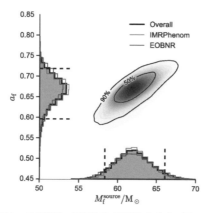

図8-3-1　ブラックホールの質量・回転数の「誤差」も含めて知る　出典：LIGO.ORG

● ブラックホールの距離をどう見積もるか

　地球からブラックホールまでの距離を、次の図8-3-2のグラフで推測してみましょう。距離が遠いとシグナルは弱くなりますから、理論と組み合わせて距離を推測します。

　GW150914のブラックホール連星は、距離が13億光年と発表されました。このグラフでいうと、タテ軸の400メガパーセク（Mpc）辺りが一番高い山を示しています。1パーセクはおよそ3.26光年ですので、400メガパーセクというと、

$$400 \times 100万（メガ）× 3.26（光年）＝13.04 ≒ 13（億光年）$$

と計算できて、地球から13億光年の位置だとわかります。もう少し正確に見ると410メガパーセクであることがわかっていますので、計算すると13億4000万光年となります。

　また、ブラックホール連星の軌道面がどれだけ傾いているのかも、このグラフのヨコ軸から読み取れます。150°を指しているので、地球から見ると正面ではなく、150°傾いた格好で見ていることがわかります。

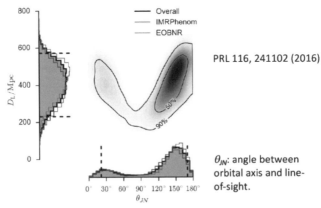

図8-3-2　ブラックホールまでの距離推定・角度の見方

まとめると、観測から、重いほうの質量は36倍の太陽質量で、軽いほうの質量は29倍の太陽質量です。ただし、誤差はそれぞれ±4倍程度あります。そして合体してできたブラックホールの質量は62倍の太陽質量で、これも誤差が最大で±4倍程度考えられます。

　36倍、29倍のブラックホールが62倍になったと考えると、3倍の太陽質量が消えてなくなったことはすでに述べた通りで、そのエネルギーは5.4×10^{47}Jを放出し（4章2節で計算した結果）、その「重力波」の一部が、長い距離で弱まった（暗くなった）とはいえ地球に届いたという意味です。

　合体後の新しいブラックホールは、スピン1を最大値とすると、67パーセント程度の回転で、地球からの距離は410メガパーセク程度（13億4000万光年）です。

図 8-3-3 ● 質量・回転数・距離

1つ目のブラックホールの質量		36^{+5}_{-4}	太陽質量
2つ目のブラックホールの質量		29^{+4}_{-4}	太陽質量
最終ブラックホールの質量		62^{+4}_{-4}	太陽質量
最終ブラックホールのスピン		$0.67^{+0.05}_{-0.07}$	
光度距離	13億4000万光年先	410^{+160}_{-180}	メガパーセク
赤方偏移		$0.09^{+0.03}_{-0.04}$	
放出される総エネルギー	3太陽質量		
ピーク光度	200太陽質量／秒（3.6×10^{56}erg/秒）		

超新星爆発の数万倍

　赤方偏移は0.09です。これは宇宙が現在よりも約9％ほど小さかったときに（13億年前に相当）、この重力波が放出されたことを意味し

ています。

　欄外に「ピーク光度（Peak luminosity）」が3.6×10^{56}エルグとあります。これは明るいことで知られている超新星爆発でニュートリノを出すときのエネルギーの数万倍です。ただし光ではなく、重力波としての大きさの比較です。

3つの天体イベントを比較する

—— 重力波をグラフで読みとく（3）

　次の図8−4−1のグラフは、LIGOが発見した最初の3つの重力波イベントの比較です。ヨコ軸は周波数、タテ軸は感度です。曲線で描かれているのはLIGOの感度で、左上の方から見えてきた3つの重力波イベントがLIGOの感度と重なったことで発見され、その後、LIGOの感度を横切るようにしてグラフの右下のほうから消えていきます（見えなくなる）。

　つまり、重力波のシグナルがこの曲線のグラフより上のほうにあればあるほどLIGOの感度に掛かって見つけやすくなり、曲線より下であれば見つかりません。

　さて、この3つはかなり違ったタイプの重力波イベントでした。まず、最初（2015年9月14日）の重力波に対して、後の2つはイベントが長いのが特徴です。

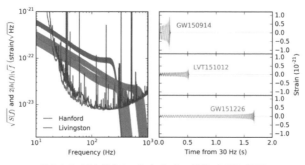

図8-4-1　重力波の3つのイベント　出典：LIGO.ORG

● ブラックホール重力波もいろいろ

　最初に見つかったブラックホール連星の重力波（GW150914）は、太陽質量の36倍、29倍の連星が衝突したと説明しました。けれども、同じブラックホールの重力波イベントでも、それぞれのイベントで違います。

　クリスマスイベントと呼ばれる重力波（GW151226）は、図8－4－2の①のグラフを見るとわかるように、およそ太陽質量の20倍、5倍ぐらいの軽いタイプ同士の衝突でした。

　また、ライゴ・バーゴ・トランジェント（GW151012）と名付けられた重力波イベントは、これも太陽質量30倍、10倍の中くらいの衝突です。

　いずれもブラックホールの衝突ですが、バリエーションがかなりあることがわかります。

　以上、いろいろなグラフを紹介してきました。いまやインターネットを使えば、専門家の論文なども見ることが可能です。その際、グラフの見方などを少し理解しているだけでも、テレビ・新聞などの発表より一歩深い情報、自分独自で分析をすることができると思います。ぜひ、役立ててください。

①元の連星の太陽質量
　（内側は95％の信頼度）

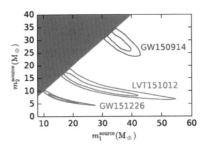

②合体後の太陽質量

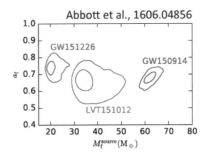

③合体後の有効的なスピンメータ。
　0はスピンなし

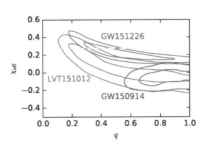

④イベントの事後の地球からの距離の
　信頼度の確率分布

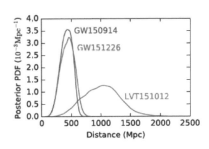

図8-4-2　ブラックホール重力波にもいろいろ　　出典：LIGO.ORG

重力波、ついに直接観測で発見！

8-5

重力波で見つかった
ブラックホールの異常さ
—— 巨大ブラックホール

● X線観測ではありえなかった巨大ブラックホール

　ブラックホールといえば、これまではX線で見つけるのが常でした。けれども、LIGOが重力波で見つけたブラックホールはそれに比べると、はるかに大きなものばかりです。

図 8-5-1 ● 知られているブラックホールの大きさ

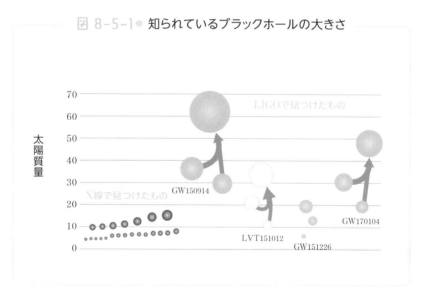

　X線で見つける場合、太陽質量の5倍、大きくても25倍程度です。それなのに、LIGOでは最初の重力波の観測（GW150914）が早くも太陽質量の30倍以上で、合体後は62倍でした。とんでもなく大きい

ブラックホールです。

　他のライゴ・バーゴ・トランジェント（GW151012）、クリスマス
イベント（GW151226）は、X線でも見つかっているブラックホール
のサイズといえますが、それでも合体後はとても重いブラックホール
です。このように、**ブラックホール同士の衝突によって、さらに重い
ブラックホールがつくられている**ことを実際に示したというのは驚き
です。

　また、2017年1月4日に検出された重力波は、太陽質量の32倍と
19倍によって太陽質量の49倍のブラックホール（GW170104）がで
きたことが発表されています。2020年10月1日に発表されたカタロ
グに載っているGW190521というイベントでは、85倍と66倍の太陽
質量のブラックホール連星で、合体後は太陽質量の142倍のブラック
ホールになったそうです。

図8-5-2 ● 2017年1月4日のブラックホールの合体と想像図

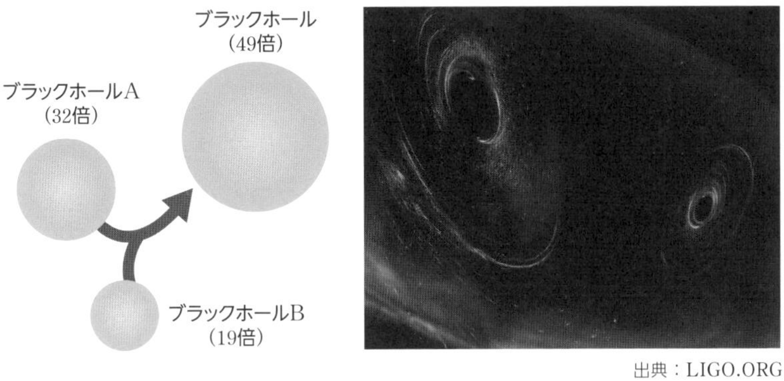

ブラックホールA
（32倍）

ブラックホール
（49倍）

ブラックホールB
（19倍）

出典：LIGO.ORG

　X線を出しているブラックホールは、おそらく超新星爆発の後につ
くられたタイプのブラックホールだと思われていて、比較的小型に属
します。その程度の太陽質量のブラックホールであれば知られていた
のですが、60倍という質量のものが**ブラックホール同士の衝突でつ**

くられるというのは、研究者の間でも予想されていなかった新しいプロセスであり、驚きの発見だったわけです。

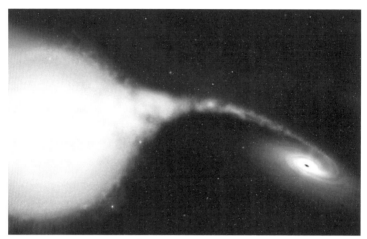

図8-5-3　白鳥座X−1のブラックホールのイメージ図　出典：NASA/ESA

　銀河中心にある超巨大なブラックホール^{（＊）}は、このようなブラックホール同士の衝突の繰り返しか、ブラックホールの大量のガスの降着（アクリーション）で生まれたのかも知れないと考えられます。たとえば、私たちの銀河系中心にあるブラックホールは、太陽質量の400万倍もあります。実はこれでも銀河中心のブラックホールとしては例外といえるほど小さく、最大の超巨大ブラックホールとしては太陽質量の200億倍のものも存在するのです。

　銀河というのは、ブラックホールの質量と一緒に進化してきたことがわかっています。ブラックホール同士が衝突して大きくなるように、銀河同士も衝突し合って大きくなってきた可能性があります。銀河がどうやってできたのかと関係しているので、それを知る上では重要です。

（＊）超巨大ブラックホール
太陽質量の10万倍〜 100億倍ほどの超大質量のブラックホールのことをいう。ほとんどの銀河中心に超巨大ブラックホールが存在すると考えられている。どのようにしてできたかについては、いくつかのモデルが提案されている。

8-6

本物の重力波か、偽モノなのか？

—— ノイズ、事前シミュレーション、国際協力

● ノイズの取り除き方 ——波形の違いを利用する——

　ホワイトノイズは、波長依存性という性質を使って取り除きます。たとえば、図8-6-1のグラフの右下にAdv.LIGOと書いてあります。これはLIGOやKAGRAの感度がある帯域を描いていて、およそ10Hz～10000Hz辺りの重力波を捉えることができます。クルマが通ったときの振動、地震の振動とは周波数が違います。そのために区別ができるのが1点目。もう1つは、重力波と他の振動との波形の違いを利用します。

　地震波のほうはいきなり大きくなり、しばらく継続します。その間、地下が崩れるためか、地震波に規則性が見られません。

　ところが重力波の波形（図8-6-1）は、連星が衝突するまでは波が規則的に大きくなっていき、衝突と同時に最高状態に達し、その後、きれいに下がっていき、ある地点でブラックホール化し、きれいな円運動に近づきながら途絶えます。

　このように**重力波の波形は事前に理論計算でシミュレーションしておける**ので、それに合わない地震波のような波形は全部取り除けるのです。これを**マッチドフィルター方式**といいます。このようにパラメータごとに多数、用意しておくわけです。

　たとえば、最初にLIGOが発見したGW150914は、太陽質量の36

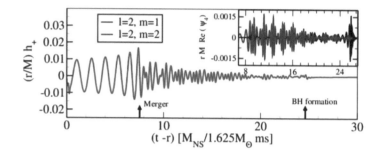

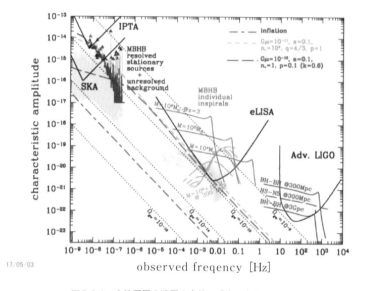

図8-6-1　中性子星の連星の合体の感度　出典：LIGO.ORG

倍と29倍の衝突・合体でしたが、事前にあらゆる組み合わせ（例え
ば13倍と25倍、27倍と33倍…など）を用意しておくのです。そして、
実際に捉えた波形を見て、その波形がなければノイズとして捨てます。
しかし、今回は太陽質量の29倍と36倍（ただし、重力波のエネルギー
として逃げていったのは太陽質量の3倍分）のパターンとして用意し
てあったわけです。

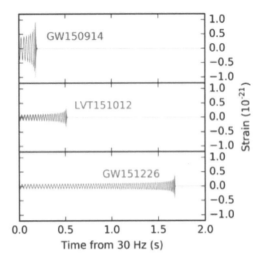

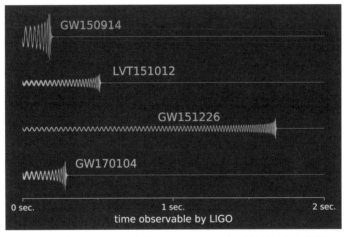

図8-6-2　ブラックホールの事前シミュレーションと実際を比較する（再掲）
出典：LIGO.ORG

● 味方をもあざむく偽データ

　初検出の前のテスト段階では、偽データを日頃からわざと流すことで、信頼性を高めるトレーニングも行なわれていました。重力波らしきシグナルを検出しても、それに検出側で気が付かなければ問題です。たとえ検出したと思っても、偽のテストデータであるかどうかを

チェックするというトレーニングも繰り返してきました。そのために
は、何人かの研究者が偽データを流す役目を担っていて、何の前触れ
もなく重力波の波形の擬似シグナルを入れて流します。それを検出器
側が気づくかどうかのトレーニングなのです。

　検出したといっても、「○月○日×時×分△秒に、このシグナルを
流しました」というテストかもしれません。そうしたダミー情報を区
別できないようでは、ホンモノのシグナルが来ても信頼できないこと
になります。

　これは、ホンモノの重力波がきたときに、「確かに来た」といえる
かどうか、チーム内の研究者同士でチェックをしてきたわけです。そ
ういうトレーニングは何回も行なってきていました。報告されたイベ
ントについては、そんなシグナルをそのときに入れてないことが確認
されたため、めでたく発表となったわけです。高い精度で信頼できる
データだけを発表しているのです。

● 他チームへの調査依頼

　通常、大きな成果があると、他の研究チームが追跡調査をします。
aLIGOの新発見のケースでは自前の2台（ワシントン州、ルイジアナ
州）を除いて、VIRGO（欧州・イタリア）もKAGRA（日本）も動
いていませんでしたので、LIGOと同等の能力をもった施設は地球上
にありませんでした。

　それでも国際協力ができていて、GW150914の場合も、すぐに日本
がハワイ島に設置している「すばる望遠鏡」チームには「9月14日に
何か見えなかったか？」という照会がありました。他にもフェルミガ
ンマ線宇宙望遠鏡（アメリカ、日本など6か国共同）、スーパーカミ
オカンデ（岐阜県神岡町）など、世界中の有力な観測施設にすぐに連
絡をして、確認を要請したようです。すばる望遠鏡は可視光・赤外線

ですし、フェルミ宇宙望遠鏡（衛星）はガンマ線であり、スーパーカミオカンデはニュートリノで観測をしています。少なくとも、すばる望遠鏡では何も見えなかったようです。

このような観測協力は、重力波に加えて、可視光・ガンマ線などの電磁波、ニュートリノなどのあらゆる波長と粒子線の情報を統合するマルチ（多粒子）メッセンジャー天文学の構築のきっかけとなっています。中性子星でマルチメッセンジャー天文学がうまくいったケースは、次の節で解説します。

こうしてGW150914の場合、重力波以外にはまったく他の装置では確認できていなかったことになります。ただし、GW150914では重力波のシミュレーションとピタリ合っていたので問題はありませんでした。有意義な信号であっても、ピタリとは合わないケースもあります。たとえば、中性子星の場合の波形にはまったく合いませんでした。また、天体イベントの距離と場所の特定のためにも、可視光などでも検出できれば確実だったわけです。

ところが、前述したように、GW150914では重力波以外には何も情報を取れなかったのです。それは純粋に「ブラックホールだったから、何も出なかった（見えなかった）」ということでしょう。中性子星（大きな質量を持った恒星の爆発後に残されたコンパクトな天体）の連星衝突であれば、可視光などで捉えられただろうと期待されます。ブラックホールの周りに降着円盤があったとするモデルも検討されましたが、その場合は少しはニュートリノも出たとは思いますが、まったく検出されなかったようです。

8-7

ついに中性子星同士の
合体の重力波を検出

—— マルチメッセンジャー天文学の幕開け

● 中性子星の連星の合体による重力波イベントGW170817

　ノーベル賞の発表からまもなくの2017年10月16日、なんと、今度は中性子星の連星（双子）の合体時に発生したとみられる重力波を発見した、というニュースが世界を駆け巡りました。アメリカのLIGO実験の2台と、ヨーロッパのVirgo実験の1台の合計3台の検出器をもつ2つの実験チームの共同で検出したもので、ともに感度をバージョンアップしたものでした。

　実は、私たち宇宙物理学の理論研究者たちの多くは、重力波の検出は、ブラックホールよりも中性子星同士の合体のほうが先に見つかるだろう、と予測していたのです。

　なぜ、中性子星が先と考えていたのか。それは中性子星が超新星爆発でつくられることが知られていたこと、中性子星は見つかっていて間違いなく存在すること、中性子星の連星も発見されていて、いずれそれらは合体するだろうという予測があったからです。

　その中性子星同士の合体イベントは2017年8月17日に観測されたので、「GW170817」と名付けられました。発見から発表まで2か月かかっているのは、これまでと同様、解析に時間がかかったからです。

　発見された重力波は、以下に述べるように、これまでのブラックホールの連星が衝突した時の様子とは、まったく異なっていました。当時、

私はオックスフォード大学の物理学科に赴任していたのですが、学科全体が騒然としていたのを覚えています。

●異例尽くめのイベント

このイベントは、あらゆることが異例尽くめでした。まず、距離が約1億3000万光年と、ものすごく近かったこと。経過時間がブラックホールの時に比べて100倍ほど長い、約100秒間程度も続いたこと。重力波観測だけで「約5度四方以内の領域から来た重力波である」と特定できたこと。

そして、驚くべきことに、同時に「光を発したらしい」ことです。しかし、残念ながらニュートリノは見つかりませんでした。また、発生場所をこのように比較的狭い領域に絞ることができたのは、**3台が同時に観測を行なったため、確度の高い方向の情報が得られたため**です。Virgo（欧州）では検出できなかったのですが、それは

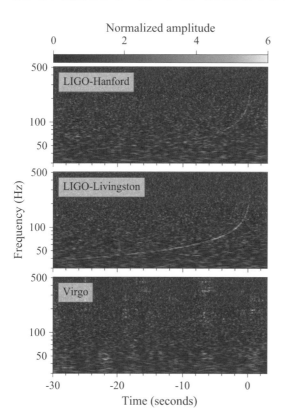

図8-7-1　LIGOハンフォード、LIGOリビングストン、VIRGのシグナル
（VIRGOでは見つからなかったことから、VIRGOには垂直に入射するシグナルだったという情報が得られた）
出典：LIGO ORG

Virgoの性能のせいではなく、Virgoの2本の腕に対して、シグナルがたまたま垂直方向から入って来たためだった、という解釈でした。つまり、Virgoは非検出でしたが、それによって逆に、「重力波がやってきた方向」の情報が得られたわけです。

　もし、日本で建設中のKAGRAがこのときに稼働していれば、重力波の傾き具合である「偏光の情報」も得られたかもしれない、といわれています。衝突した元の天体の質量も、それぞれが太陽質量の約1.4倍と推定されています。

　最初の1週間程度でとてもよく観測できた光は、主に赤外線、可視光、紫外線でした。これらの観測から、すでに知られているNGC4993（地球から1億3000万光年の距離）という系外銀河から放射されたことも突き止められました。重力波で「約5度四方以内」と絞り込めていましたが、その情報だけでは重力波を発した天体を有する銀河、つまり母銀河の特定までは無理だったのですが、**多数の天文台の協力による合わせ技で銀河を特定できたのです**。

　前節のGW150914の話の中でも、いろいろな波長の電磁波や粒子を使って観測し、総合的に研究する有意性に触れましたが、これをマルチメッセンジャー天文学（多粒子天文学）と呼んでいます。

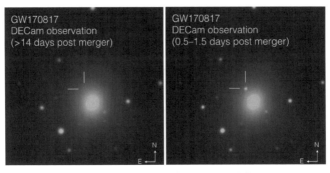

図8-7-2　NGC4993の衝突前（左）と衝突後（右）の様子　出典：LIGO ORG
2本線の交わるところが衝突後に明るくなっている。可視光と赤外線でこのように観測された。

中性子星から出た「光」の解釈
—— 金、白金、レアアースの起源

● 赤外線で見えるキロノバ

　中性子星の連星合体時に、「光を発した」という点は、少なくとも、元の2つの天体がブラックホールではなかったということを意味します。ブラックホールの連星の周辺には物質がまったくないことがわかっているのですが、これだけの光、特に赤外線を出すためには、衝突の時に主に中性子からなる物質を約0.03太陽質量（地球質量の約1万倍）も放出しないと、理論と観測とが一致しないことが知られています。

　中性子を多く含む物質が放出されると、衝突して、重元素をつくります。重元素の中には金、白金、レアアースなどを含むような、通常の恒星内部ではつくられないような、r-プロセス元素と呼ばれる元素が含まれていることがわかりました。その重元素は電子を伴っている原子なのですが、それら原子がもつ電子のエネルギー準位間の遷移で吸収・再放射されながら、赤外線が出てきます。それが観測されたのだという解釈です。

　赤外線で見えた天体はキロノバと呼ばれます。「ノバ」は新星を意味します。「キロ」はその約1000倍の明るさという意味です。そういう意味でキロノバは新星とはまったく違う天体なのです。

● 金、白金、レアアースの起源がわかった

今回の中性子星の連星合体時（GW170817）につくられた、金、白金、レアアースの総量は地球の質量の約1万倍つくられたようなのですが、それぞれ、どれだけつくられたかというのは、専門家による理論計算でもはっきりわかっていません。

しかし、金だけに着目しても、少なくとも地球の質量の数100倍はつくられたことでしょう。つまり、驚くことに金、白金、レアアースの起源がはっきりしてきたといえるのです。

太陽や地球がつくられる前の大昔に、太陽の前の世代の中でも、太陽の質量の8倍より重い恒星たちが超新星爆発を起こして中性子星となり、それらの2つが連星を形づくり、合体したときに、金や白金、レアアースがつくられた、という可能性が高まったわけです。50億年より前の話です。なんとも壮大な誕生劇ですね。

● 突発的なイベントへのさまざまな解釈

また、電波、X線、MeVのガンマ線でも観測されたと報告されました。それらはガンマ線を出すガンマ線バーストという天体であったと解釈する説があります。起こった時間が2秒程度と短いので、ショートガンマ線バーストと呼ばれます。数秒より長いものをロングガンマ線バーストと呼びますが、今回は違います。X線の初観測は9日後、電波も2週間くらい後からです。標準的なショートガンマ線バーストと比べて、ガンマ線の強度は弱かったという特徴をもっています。

これらの解釈は、依然、反論もあり、検証が続けられています。というのは、上記とは異なる波長でも光が放射された可能性は十分あるからです。しかし、観測装置によっては、地球の反対側だったり、その時の状態の都合もあり、運悪く十分には観測できなかった場合もあ

るので、現時点では他の波長の光が出なかったとは、高い信頼度では断言はできない状況です。なにせ、突発的に起こるイベントなのですから無理もありません。

　観測されたMeVガンマ線を「中性子星連星の衝突による起源」とする解釈は、依然、魅力的です。ショートガンマ線バーストは、衝突時に形成されるジェットをともなって現れると考えられており、今回の1イベントのジェットが我々の方を向かずに弱いガンマ線バーストになったという解釈は不思議ではありません。

　フェルミ衛星のGBM検出器の1つのチームと、インテグラル衛星のチームなどが観測したと報告していますが、有為な観測ではないという解釈もあります。天体中の中性子などの核子が衝突した際、激しい衝撃波を生じます。その際、回転している面上から垂直な方向に、ジェットと呼ばれるエネルギーの流れを生じさせると考えられています。

　天体に付随する磁場の影響のせいだと理論的には解釈されています。そのジェット中の衝撃波により、電子・陽電子などが加速されます。電子・陽電子はその磁場を介してシン

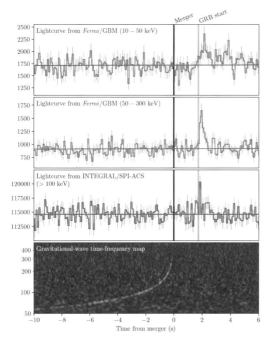

図8-8-1　ショートガンマ線バースト　出典：LIGO ORG
衝突後（一番下のパネルの重力波検出）から
2秒後に検出された。

クロトロン放射としてガンマ線を放射します。

　また、MeVガンマ線を出すモデルとしては、他にもコクーンと呼ばれるMeVの温度をもつ熱い塊が冷えて透明になったときに放射された光球放射のガンマ線との説もあります。これらのガンマ線がMeV領域で発見されたというのです。X線でも光ったことが報告されています。

● 重力波の放出でエネルギーを失う

　太陽質量の約1.4倍の質量をもつ中性子星の半径は、およそ10数kmなのです。今回は10kmから15kmぐらいと見積もられています。連星の間の距離が、その半径に比べて十分長いときには、中性子星の大きさは点として扱ってもかまいません。このように連星間の距離が離れて回っている時期はインスパイラル期と呼ばれます。重力波を放出して公転のエネルギーを失うと近づいてきます。

　そうすると、だんだん、半径が有限の大きさをもつことが重要となります。そのとき、星が潮汐力により歪められながら、回転する時期が生じます。

　この状態は、地球と月の運動でも潮汐力を及ぼしあっているのと似ています。海の潮の満ち引きは、月と地球の相対運動に伴う潮汐力のためです。そのせいで、地球の海の部分は球ではなく、ひしゃげられます。

　中性子星の連星同士では、その変形が運動にも影響を与えますし、放出される重力波の波形にも変化を与えます。この時期は、潮汐変形期とも呼ばれます。

　今回、特に潮汐変形の大きさのパラメータに意味のある上限がつきました。ゆるい下限も報告されています。このことは、原子核物理学の理論の未定パラメータに制限を与えます。この点でも、天体観測に

より基礎物理の情報を得たことになります。

　また、上述しましたが、中性子星が衝突して合体すると、さまざまな放射を出します。光、荷電レプトン、ハドロン、ニュートリノ、重力波などが放出される可能性があります。光は、細かくエネルギーに依存して名前が変わりますが、エネルギーの低い方から書くと、電波、赤外線、可視光、紫外線、X線、ガンマ線などです。それらの放射を出して冷えながら、1つのブラックホールになると考えられています。この時期を合体とリングダウン期と呼びます。

　今回は重力波と電磁波のほとんどの波長での観測に確実に成功しています。その一方、期待された、GeVガンマ線、TeVガンマ線、ニュートリノは観測されませんでした。将来、IceCube実験などで、中性子星合体起源のニュートリノも観測されると期待されています。

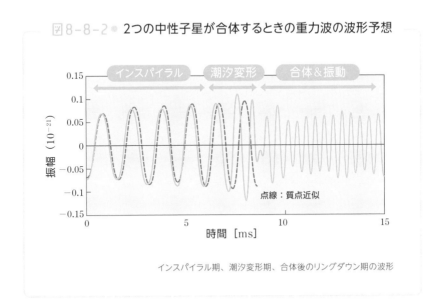

図8-8-2● 2つの中性子星が合体するときの重力波の波形予想

インスパイラル期、潮汐変形期、合体後のリングダウン期の波形

● 2020年10月の現状

　観測はさらに進み、現在約50例がaLIGOにより公式に検出と認められています。その中には、もう1例の連星中性子星合体イベントGW190425があります。すでに解説したように、太陽質量の85倍と66倍のブラックホール連星の衝突・合体を観測したGW190521というイベントも見つかりました。それは合計で太陽質量の142倍のブラックホールがつくられたことが期待されるお化けイベントでした。

　そして、もう1例の連星中性子星合体イベントや、ブラックホール－中性子星連星イベントが1例が含まれています。

　また、質量ギャップと呼ばれる、2倍の太陽質量以上、10倍の太陽質量以下という、中性子星には重すぎるけれどもブラックホールになるには軽すぎる、未知とも考えられる天体をもつ例が3例報告されています。

超新星、白色矮星も重力波を出す？

　ブラックホール、中性子星以外にも、重力波を出しそうな星の候補があります。

　まず、超新星爆発が起きたときにも、重力波が出るだろうと予想されています。天体の大きさが大きいので波長が長く、振動数も低いと考えられています。

　一方、中性子星の場合には「原子核の縮退圧」というメカニズムで星が支えられていますが、白色矮星（恒星の最後に近い状態）は「電子の縮退圧」で支えられています。その白色矮星同士の合体でも重力波が出るだろうと予想されています。これも中性子星より大きいために波長が長く、振動数が低いという特徴があります。

　また、銀河中心にある巨大ブラックホール同士の衝突でも、重力波が出ると考えられています。これは天体の大きさが超新星爆発とは比較にならないほど大きく、波長がもっと長くなる（振動数がもっと低い）という特徴があります。振動数はナノヘルツ帯（nHz）で、10^{-9}Hzです。

　これらの天体からの重力波は、現在、まだ検出されていません（後のNANOGrav12.5yrの速報を参照）。近い将来、これらからの重力波を検出することにより、超新星、白色矮星、巨大ブラックホールなどの天体の正体が、より明らかになることが期待されています。

第9章

見えなかった宇宙を
こじあける
「重力波天文学」

9-1

精密なCMB観測を用いた 間接的な検証

—— B-モード偏光の渦巻パターン

　さて、ここまでの章で、重力波には大きく分けて、

①ブラックホールや中性子星の衝突、超新星爆発など突発的な天体の イベントによる重力波

②宇宙初期にインフレーションなどでつくられた重力波

の2つがあるという話をしてきました。

　初期宇宙起源の重力波は、ブラックホールや中性子星の合体から生 じたような、「源から出て一過的な波」として飛び去っていくもので はありません。定在波といって、この宇宙に満ち満ちて漂っているも のなのです。ですから、感度さえあれば、常にその重力波を検出する ことが可能です。

　しかし、残念ながら**重力波のシグナルはとても弱いため、ノイズに 埋まってしまう傾向がある**のです。そこで、検出器の感度を上げるか、 そのノイズを取り除いて観測することは可能なのかどうかという、2 種類の解決方法の方向性が考えられています。

　宇宙誕生当時の「インフレーション起源の重力波」の痕跡は、宇宙 マイクロ波背景放射（CMB）の「偏光モード」を測るとわかります。

　次の図9−1−1は、欧州宇宙機関のプランク衛星が観測した宇宙マ イクロ波背景放射（CMB）のゆらぎの地図です。全天をあたかも球

の表面のように捉えて、モルワイデ図法で2次元面に描いています。

　これは138億年前、宇宙ができて38万年後に宇宙全体が晴れ上がったときのもので、**まだら模様になっているのは、宇宙の場所場所の温度のわずかな温度差**（温度ゆらぎ）を示しています。その温度差は約10万分の1ほどの微妙なものなのです。

図9-1-1　プランク衛星による宇宙の全天の温度のゆらぎ　出典：ESA（再掲）
約10万分の1程度、場所場所でゆらいでいる

　その温度ゆらぎを表わす電波の強度に加えて、電波の偏光の地図もつくることができます。次に説明するように、電波の偏光にはE–モードとB–モードと呼ばれるものがあります。

　これまで、プランク衛星による観測ではE–モードのみが検出されていました。実はB–モード偏光観測について報告してきたのはBICEP2（バイセップ）実験だけなのです。

　BICEP（Background Imaging of Cosmic Extragalactic Polarizatio）とは、南極点近くのアムンゼン–スコット基地（アメリカ）に設置された望遠鏡を使って、宇宙マイクロ波背景放射（CMB）の偏光を観測する施設のことです。CMBについてはこれまでも何度か説明して

きたように、宇宙誕生38万年後の世界をマイクロ波で捉えたもので、いまから138億年前の宇宙初期の観測ができます。その一連の観測で、第2世代と呼ばれる実験をリードした実験装置がBICEP2なのです。

では、B-モード偏光 ^(*) とは何のことでしょうか。相対性理論が教えるのは、重力とは時間・空間の歪みのことです。宇宙初期のインフレーション時には、時間と空間が重力の量子効果で激しくゆらぐと考えられています。もちろん、重力の量子力学である量子重力理論は超弦理論などを基に研究され続けてきているのですが、まだ完成していません。

しかし、重力が弱いという近似の下での重力の量子的な側面の振る舞いは予想されていて、計算も可能だと信じられています。その性質を用いて、インフレーション中につくられる初期宇宙の時空のゆらぎ、つまり重力波の量とその波形を計算するのです。

こうして、宇宙初期にインフレーションの膨張による重力波が生じたとすれば、そのゆらいだ時空上に存在しているCMBの偏光に特有の渦状パターンが刻み込まれます。重力波は、空間が「＋の形」（プラスモード）や「Xの形」（クロスモード）に振動しながら伝わります。特にクロスモードの振動パターンは、重力波があるときのみにつくられるCMBの偏光パターンなのです。

そのクロスモードの振動パターンを空間的に連続的に重ねると、渦状の偏光パターンとなります。この特有の**渦状パターン**こそ、**重力波に起因したB-モード偏光**なのです。

（＊）B-モード偏光
宇宙マイクロ波背景放射（CMB）を観測したとき、温度ゆらぎに対して垂直または水平方向に振動することをE-モード偏光（プラスモード：＋）、45°の方向に振動するものをB-モード偏光（クロスモード：X）という。大きいスケールで、小さいスケール特有の重力レンズ効果を受けていない電波を観測した場合、B-モード偏光は**重力波があるときしか生じない**ので、宇宙初期起源のB-モード偏光を捉えるということは重力波を捉えたことを意味する。

しかし、CMBの偏光が銀河や銀河団などの重力源により重力レンズが起こされる時にも、B-モード偏光が生じます。これがノイズとなります。比較的、小さなスケールで起こる、この重力レンズ起源のB-モードを精密に測定し、その分を取り除くか、あるいは重力レンズ起源のB-モードの起こらないような大きなスケールでの観測の感度を高めるか。この2通りの方法を試すことになります。

そして、**小さなスケールの精密観測は地上での観測**（BICEP2、POLARBEAR-2など）で行ない、**大きなスケールの観測は将来の衛星実験（LiteBIRD）**などで行ないます。

CMBのB-モードで測れる重力波の振動数は、実に10^{-18} Hzから10^{-16}Hzという、超低周波の重力波です。現在の宇宙の大きさに相当する波長をもっている重力波なのです。

● 世紀の大誤報！

2014年3月、上記のBICEP2が「CMBのB-モード偏光を捉えた！」と発表しました。図9-1-2で見られるように、渦巻きの模様が捉えられています。「人類史上初のインフレーション起源の重力波の発見か!?」と世界中の宇宙論研究者が期待した発表だったのです。しかし、後にこれが間違いであるということになりました。

BICEP2が観測した領域では、我々の銀河に付随した塵が出す偏光した電波のノイズを十分に取り除けていない可能性があったのです。その後、全天での塵や高エネルギー電子などが出すダスト放射やシンクロトロン電波などのノイズのデータも取得しているプランク衛星などと協力して塵の成分を除いてみると、正確なことが判明しました。BICEP2が見たB-モード偏光は、銀河の重力レンズ効果がつくるB-モード偏光シグナルの上に乗った、ダスト放射起源のただのノイズだったのです。

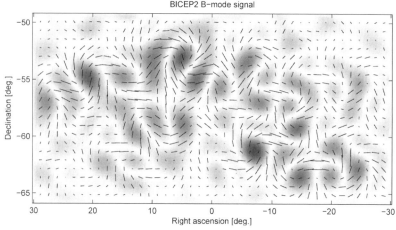

図9-1-2　B-モード偏光の渦巻パターン
2014年3月にBICEP2により発表された、
CMBのB-モード偏光の空間分布と考えられたシグナル
http://bicepkeck.org/visuals.html

　こうして、2014年3月の発表は残念ながらインフレーション起源の重力波ではなかったものの、「比較的大きなスケールでの、重力レンズ起源によるB-モード偏光を観測した」として評価されています。

　私の所属するKEK（高エネルギー加速器研究機構）では、国内の研究機関と米国大学との共同で「POLARBEAR（ポーラーベア）」、とその後継の「ポーラーベア2」[*]というプロジェクトを主導しています。ポーラーベアはもっと小さなスケールの重力レンズに起因したB-モードを検出したことで評価されています。

　このことによって、インフレーション起源の重力波は温度ゆらぎに対して約10分の1以下（「テンソルゆらぎ/スカラーゆらぎ」の比 r が0.1以下）であるという観測的上限がつきました。

図 9-1-3 ● 塵の効果を除いた重力レンズ起源のB-モードのシグナル

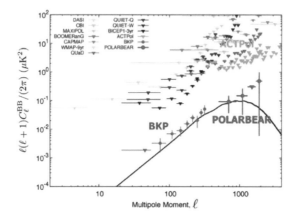

横軸は角度の逆数に相当する量を表わす。BICEP2-Keck Array-Planck (BKP) とポーラーベアによる、重力レンズ起源のB-モードの観測値を示す。これにより、インフレーション起源の重力波は温度ゆらざに対して約10分の1以下 (テンソルゆらざ/スカラーゆらざ比 r が0.1以下) であるという観測的上限がついた。
https://indico.ipmu.jp/indico/event/72/contributions/1703/attachments/1385/1644/

（＊）ポーラーベア（POLARBEAR）
日本、アメリカ、カナダ、イギリス、フランスの5カ国、およびカリフォルニア大学バークレー校、日本のKEKなど9つの大学・研究機関の国際コラボレーションで実験が進められている。POLARBEAR（ポーラーベア）というと、ホッキョクグマの意味だから北極にあると誤解されがちだが、実際にはチリのアタカマ高地に設置されている。「ベア」はカリフォルニア大学バークレーのマスコットの熊、「ポーラー」とは偏光の英語ポーラリゼーションからとられている。

9-2

インフレーション起源の
重力波を直接捉える
—— DECIGO(デサイゴ)のミッション

　次に、**インフレーション起源の重力波を直接、観測する方法**を紹介します。

　これまでの宇宙マイクロ波背景放射（CMB）を介したものは、いわば間接的な観測方法だったといえます。すでに、ブラックホール連星や中性子星連星の合体からの重力波の直接検出の話をしました。同じように、重力波干渉計を用いてインフレーション起源の重力波を直接観測することも可能なのです。しかし、現在のLIGO/VIRGOやKAGRAでは感度が届かないようです。

　その一方、将来、日本が計画している実験の一つとしてDECIGO（デサイゴ：DECi−hertz Interferometer Gravitational wave Observatory）という重力波探査衛星実験計画があります。DECIGOは重力波観測所をそのまま宇宙に打ち上げるような計画です。

　DECIGOのミッションは、重力波の直接観測によって宇宙誕生直後のインフレーション時（10^{-38}秒後）の謎を解くことにあります。

　図9−2−1からわかるように、性能通りの力を発揮すればインフレーション起源の重力波（一番下にある横線グラフ）を直接、検出することが十分に期待できます。CMBでも間接的にインフレーション起源の重力波を観察することが可能ですが、その感度が低くて見えなかったときに、このDECIGOで直接見ようという考えです。

アメリカではLISA（Laser Interferometer Space Antenna：レーザー干渉宇宙アンテナ）の後継機としてBBO（Big Bang Observer）という宇宙重力波望遠鏡で挑戦しようとしています。しかし、DECIGOもBBOも予算がまだ付かず、打上げの時期も決まっていないのは残念なことです。

図 9-2-1 ● 実験の感度と、様々な理論予言のシグナル

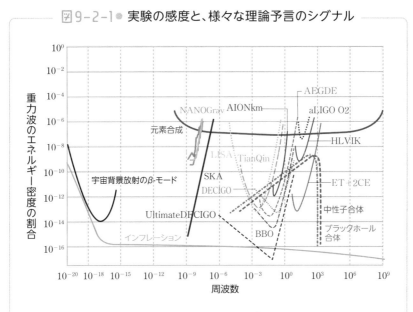

下に平行に伸びているのがインフレーション起源の重力波のシグナルの可能性。将来の CMB 実験、DECIGO 実験、BBO 実験に感度がある。

パルサータイミングを
用いた間接観測

── 四重極成分の検出

もう一つ、重要な重力波の観測の方法があります。パルサータイミングという方法です。パルサーとは「回転する中性子星」のことで、これまでは主に電波で観測されてきました。パルサーはそれぞれが約1000分の1秒から数秒ぐらいまでの間で、規則正しい周期をもって電波を出すため、「宇宙の精密時計」とも形容されます。

ところが、重力波が存在すると、その規則正しい周期が変調を受けるのです。約数10光年から数100光年のパルサーを観測しますから、100年の逆数で10^{-9}ヘルツから10^{-8}ヘルツぐらいの重力波の振動数に感度があります。重力波の振動により、パルスの波形が変更されるのを観測しようとするのです。

もちろん、パルサーまでの距離は、事前に他の方法によって正確に測られていなければなりません。また、1つのパルサーだけを観測していたのであれば、パルサー固有の変動の影響を見ている危険性があるので、複数個のパルサーを観測し、お互いの相関をとります。

オーストラリアにあるパークス電波天文台の観測（パルサータイミングアレイ）^{（＊）}では、約20個のパルサーの相関をとっています。そうすることで、通ってくる宇宙空間に定在している重力波の情報をより正確に引き出すことができます。残念なことに、プエルトリコのアレシボ天文台の305m望遠鏡が2020年12月1日に落下のために破壊

されてしまいました。NANOGrav計画参加だけでなく、SETI計画や連星パルサーによる一般相対性理論の検証計画などで世界をリードした電波望遠鏡だっただけに、たいへん惜しまれます。

このパルサータイミングの観測はシグナルを立体的に見ていますので、複数のパルサーからの信号の相関をとることにより、球からのズレ（四重極成分）を検出できる可能性がある、ということなのです。重力の観測は、この四重極成分の検出にありますから、**パルサータイミング観測は重力波であることを実証する極めて強力な方法**といえます。

現在稼働中のNANOGrav（＊＊）観測や、将来の究極の電波観測SKA（＊＊＊）が、より精密なデータをもたらすと期待されています。

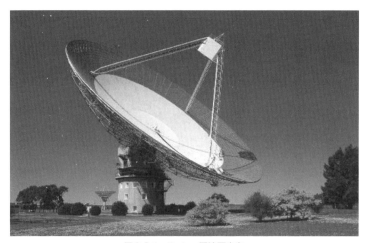

図9-3-1　Parkes 電波天文台
パルサータイミングの観測が精力的に行なわれている。

（＊）パルサータイミングアレイ（Pulsar Timing Array：PTA）とは、重力波を検出するための施設のこと。
（＊＊）NANOGrav（North American Nanohertz Observatory for Gravitational Wave）は、重力波の検出と研究に取り組んでいる科学者のコラボレーション。
（＊＊＊）SKA（Square Kilometer Array：スクエア・キロメートル・アレイ）とは、集光面積が1km²の電波望遠鏡のこと。オーストラリアと南アフリカの中でも、人工的な電波のきわめて少ない地域を選んで2016年から建設を開始した。

● 重力波観測の感度のまとめ

　まとめとして、これまでに紹介したさまざまな重力波望遠鏡の感度のある振動数について見ておくことにしましょう。再び、図9−2−1をご覧ください。

　周波数が高い順では、約数10ヘルツから約1000ヘルツまでは、地上の干渉計（aLIGO、aVIRGO, KAGRAなど）によるものです。その次に高い中ぐらいの振動数帯は、スペース干渉計（LISA、DECIGO、BBOなど）が、約数1000分の1ヘルツから約10分の1ヘルツをカバーします。

　パルサータイミングの観測（PTA、NANOGrav、SKA）などは、約10^{-9}から約10^{-7}ヘルツの低周波数に感度があります。そして、CMBによるB-モード偏光の観測（BKP、POLARBEAR2、LiteBIRD）は、10^{-18}から10^{-16}ヘルツという、超低周波の重力波を探ることができるのです。

その他の初期宇宙の重力波

── 宇宙背景重力波

　これまで、宇宙初期起源の重力波として、主に「インフレーション起源の重力波」を紹介してきました。天体起源の重力波は「波」として伝わりますが、宇宙初期起源の重力波は、前述したように「定在波」として宇宙空間に満ち満ちている可能性が高いのです。そのため、宇宙背景重力波という呼ばれ方をされています。

　実は、インフレーション起源の背景重力波以外に、以下に紹介するように、さまざまな周波数で、インフレーション起源の重力波より強いシグナルを示す、「別の起源」をもつ宇宙背景重力波の可能性も研究されてきています。ここでは、そうした宇宙背景重力波の源のモデルを紹介しておきたいと思います。

● 小さいスケールの大きな密度ゆらぎ（曲率ゆらぎ）による背景重力波

　これまで紹介してきたとおり、CMBの温度ゆらぎを説明するために、大きなスケールで10万分の1のゆらぎが必要であることは述べてきたとおりです。おそらく、インフレーションを引き起こすインフラトン場（未発見のスカラー場）の「量子ゆらぎ」が起源となっていると考えられています。

　しかし、インフレーションのモデルにはバリエーションがあります。

モデルによっては、小さいスケールで、もっと大きなゆらぎをつくるモデルもあります。そうした小スケールでの大きな（スカラー）ゆらぎは、非線形な効果を通して背景重力波（テンソルゆらぎ）をつくることが知られています。同時に、**そのゆらぎが潰れることにより原始ブラックホールがつくられる**ことが理論的に予想されています。

aLIGOが発見してきたGW150914などの連星ブラックホールが、実は原始ブラックホールなのではないか、とする指摘があります。これまでの通常の星の連星の形成と進化の理論では、約30倍の太陽質量のブラックホール連星をつくることはむずかしいからです。

一方、インフレーション理論のモデルに依存して、約30倍の太陽質量の原始ブラックホールがつくられることは、十分にありえるのです。この事実を用いると、「ブラックホール連星の合体による重力波の発見」は、原始ブラックホールの発見をも示唆しており、同時に低周波数の2次的重力波の存在を予言しています。

● 強い相転移がつくる背景重力波

前述した相転移が、その前後で泡の生成を伴うような強い相転移だった場合（1次相転移と呼ばれます）、泡の衝突などが重力波を出すことが知られています。

泡の動径方向だけの振動だけでは重力波は出ないのですが、**泡と泡が衝突するような縦方向と横方向の運動（四重極）があった場合、重力波が生じる**のです。

泡の運動に伴う流体のエネルギーの四重極の運動でも重力波を同時に生み、むしろこちらの方が多い重力波を出すとの指摘もあるぐらいです。

標準理論で電子などに質量を与えたヒッグス場の真空の相転移や、クォークとグルーオンから陽子と中性子をつくったQCD相転移は、

弱い2次相転移か、クロスオーバーと呼ばれる弱い相転移だったことが明らかとなっています。もし、強い1次相転移起源の背景重力波を発見できれば、未知の相転移を検証することにつながります。

● コズミックストリング起源の背景重力波

　第6章でも触れましたが、大統一理論の群が対称性の破れを起こし、より低い対称性の群への相転移が起こった後、コズミックストリング（宇宙ひも）などの位相欠陥が生成される可能性があります。

　コズミックストリング同士が衝突して組み替えたり、ちぎれてループがつくられたりします。ループはどんどん縮まっていき、キンクやカスプと呼ばれる尖った形状の部分から重力波を出して消えて無くなります。そのように数を減らしながらも、重力波を出し続け、現在まで生き残っている可能性があることが指摘されています。

　このように、さまざまな背景重力波の存在が予想されているのです。

9-5

 初期宇宙起源の
背景重力波を発見か？

—— NANOGravの衝撃！

　2020年9月、NANOGrav（重力波のための北アメリカ・ナノヘルツ天文台）観測チームがパルサータイミングの測定による12年半ものデータを発表しました。最近では45個ものパルサーを同時観測していたそうです。結果は驚くもので、等方的な背景重力波の強い証拠（エビデンス）を見つけたというものでした。

　ただ、ここで注意が必要です。「証拠を見つけた」とはいっていますが、「発見した！」とはいってないことです。また、パルサータイミング実験で期待されている四重極成分の検出にも成功していないようです。観測された重力波のスペクトルは、特徴のないフラットなスペクトルが、1番データに合うというものでした。

　その後、世界中の研究者がそのシグナルを説明する論文を書いて投稿しはじめました。arXiv preprint serverというウェブサービスがあります。これは専門誌へ投稿する前に論文をアップロードしておき、専門家にチェックしてもらうというサービスです。そのサービスに我先にと自分のアイデアを投稿し、さしあたりの「プライオリティ」（優先権）を世界中に認めてもらおうという意図です。

　すでに述べてきた、（1）インフレーション起源、（2）原始ブラックホール生成にともなうゆらぎの2次効果、（3）宇宙初期の1次相転移、（4）コズミックストリング（宇宙ひも）による起源、などのアイデア

は、ものすごいスピードで投稿されはじめました。

　しかし、12年半にわたるNANOGrav観測チームの観測結果は、フラットなスペクトルでしたから、理論を決定するには特徴がなさすぎるデータです。そのためか、「これだ！」という決定的な理論はなく、どのシナリオでもそれなりにフィットするようでした。

　実は、コズミックストリング（宇宙ひも）による起源について、我々は理論予言をすでにしていたのです。この発表に先立つこと1年以上前の2019年8月に、私は村山斉さん（東大 Kavli IPMU/米カリフォルニア大バークレー校）、平松尚志さん（当時東大宇宙線研究所）、Jeff Dror（米カリフォルニア大バークレー校）、G. White（当時カナダTRIUMF）と共に、このコズミックストリング起源の重力波についての論文を執筆していました。

　SO (10) GUTなどの大統一理論の群が対称性の破れを起こして標

図 9-5-1 ● コズミックストリングからの重力波

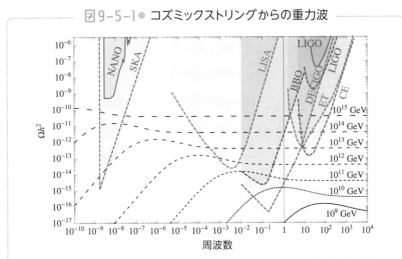

Jeff Dror（米カリフォルニア大バークレー校）、平松尚志（東大宇宙線研究所）、郡和範（KEK/ 総研大）、村山斉（東大 Kavli IPMU/米カリフォルニア大バークレー校）、G.White（カナダTRIUMF）、Physical Review Letter誌124号 2020年、4,041804に掲載。

準理論の群SU(3)×SU(2)×U(1)に落ちる時に生じる相転移が起こった時に生じたコズミックストリング（宇宙ひも）からの重力波を検出することにより、前述したシーソー機構や、レプトジェネシスを起こすために必要な右巻きニュートリノの質量のスケールが明らかになる、というものです（図9−5−1参照）。この研究の結論は、コズミックストリングからの重力波の観測を行なうことにより、ニュートリノ質量や物質の起源を明らかにできるというものです。まさに、将来のニュートリノと重力波の観測が大事であるとする、本書の執筆目的に沿った理論であり、その理論の検証のための観測方法の提案なのです。

残念ながら、今回のNANOGravによる12年半のデータでは、我々が予言するシグナルの折れ曲がりは検出されておらず、このため「我々の論文どおりだ」という結論にはなりませんでした。

それより驚いたのは、NANOGrav研究グループが論文をarXivに投稿した同じ日に、別のドイツの理論グループが「コズミックストリングからの重力波でNANOGravの最新データを説明する」という論文をarXivに投稿していたことです。

噂レベルでは、そのドイツグループは正式な発表前からデータ発表を知っていて、論文を準備していたようです。その論文では我々の論文も引用してくれていたものの、コズミックストリングでフィットしたら、対称性の破れるスケールはGUTスケールになるという、以前から知られている主張どおりでした。

しかし、すぐに検証論文を投稿するというスピードの点ではまったく競争にならず、我々はただ見ているだけという状況だったのは残念でした。

私は、まったく別のプロジェクトとして、10日ほど経ってから、寺田隆弘さん（韓国IBS）と、以前から行なっていた太陽質量の数倍

の質量の原始ブラックホール生成にともなうゆらぎの2次効果の重力
波シグナルで、NANOGravデータをフィットするとする研究の論文
をarXivに発表しました。

　さらにその質量の原始ブラックホールの連星の衝突・合体により、
数100ヘルツから1000ヘルツ帯に別の重力波シグナルを出すことを
予言し、将来のaLIGO/aVIRGO/IndIGO/KAGRAの連携した観測で、
これが見つかるだろうという予言を載せることで結論としました（図
9−5−2参照）。

図9−5−2● **ゆらぎの2次効果の重力波シグナルで**
NANOGravデータをフィット

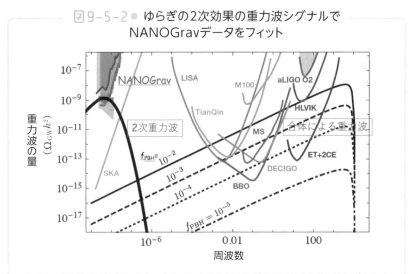

左の太い黒線は原始ブラックホール生成にともなうゆらぎの2次効果の重力波シグナルで、
NANOGravデータをフィット。左から右にかけての4本の黒線は連星原始ブラックホールの
衝突・合体により放射される数100ヘルツから1000ヘルツ帯の重力波シグナル。線の違いはブ
ラックホールがダークマターに占める割合を示す。
出典：K.Kohri and T.Terada, arXiv:2009.11853 [astro−ph.CO]

　ここで、IndIGOとは、アメリカのaLIGOとインド重力波観測イニ
シアチブの共同計画として、インドに世界水準の重力波検出器を設置
しようという計画のことです。これが設置されれば、重力波の到達方
向の情報が格段に増えることが期待できます。

我々の結論は、どのグループからも指摘されていないオリジナリティをもっており、非常にエキサイティングで競争の激しい中、その審査を待っているところです。

近い将来への5つの期待

—— 著者の予想

　ここまで、ニュートリノと重力波の理論研究の現状を現在の最新の観測と比べながら、解説してきました。最後に、将来の展望について述べて、本書を締めたいと思います。

①CMB観測への予想

　2028年には、インフレーション宇宙を検証するためのCMB（宇宙マイクロ波背景放射）偏光観測小型科学衛星「LiteBIRD（ライトバード）」が打ち上げ予定です。LiteBIRD は日本の衛星で、CMBの偏光を精密観測することによって、宇宙誕生後の約 10^{-38} 秒後に起きたとされる、インフレーション期での原始重力波を検出し、「インフレーション理論を検証する」ことが主な目的です。

　少々遅れたとしても、2030年台中盤ごろには、B-モード観測の検出・不検出が明らかになっているのではないかと推測されます。おそらく、非常に高い確度で「B-モードが検出されているのではないか」と予想しています。

　LiteBIRDがもつ感度は、ちょうど、インフラトン場の場の値のエネルギースケールで、プランク質量に相当するインフレーションを観測していることになります。プランク質量以上のエネルギーでは、重力も他の3つの力と統一されることが期待されており、そのあたりで

「量子重力の効果が現れる」と信じられています。

　私の個人的な意見ですが、インフレーションはそうした、重力の量子論の出現と関係づいた物理学で決まっていると予想しています。そのようなエネルギースケールでは、現在の低いエネルギーの理論では正確に計算することはもともと無理であろうと思います。

　発見されるB-モードは、現在ポピュラーとなっている、低いエネルギーの知識を使って構築したスタロビンスキータイプのインフレーションや、アンドレイ・リンデが提唱したカオス的インフレーションといったインフレーションモデルの予言からズレたシグナルとして発見されるのではないでしょうか。そして、そのズレの起源を探ることから、量子重力理論のヒントを見つけていくことになるのではないかと予想しています。

②宇宙背景重力波の直接観測への予想

　人類は、重力波が観測可能なターゲットであることを知ってしまいました。確実に存在するインフレーション起源の背景重力波を、干渉計などを使って直接観測したいという欲求は、発見するまで永遠に続くのではないでしょうか。

　すでに述べたLiteBirdや究極のCMB実験を行なっても、ノイズに埋もれて発見されない可能性は依然あると思います。しかし、干渉計に関しては、どれだけ大型化しても、なんらかのブレークスルーにより、実験として続いていくのではないかと考えられます。遠い将来に、既存の観測分野がポピュラーでなくなってしまっても、重力波実験は天文学・宇宙物理学の主流へと発展していく、と予想されます。

③宇宙背景ニュートリノの直接観測への予想

　これも宇宙がはじまってから宇宙年齢が数秒以来、確実に存在する

ターゲットです。現在の弱い相互作用を利用する通常の粒子の散乱により検出する方法では、どれだけ未知の増幅機構があったとしても、桁がまったく足りず、そうやすやすとは近い将来には見つからないでしょう。

しかし、別の性質と組み合わせる方法、たとえば質量やスピンをもっていることを使うなど、なんらかのブレークスルーが起こり、検出する技術が見つかるのではないかと予想しています。

④銀河中心からの超新星ニュートリノへの予想

超新星爆発1987Aが起こってから、34年がすぎました。一つの銀河あたり、超新星爆発が起こる確率は、楽観的には100年に数回と見積もられています。つまり、すでに次の超新星爆発が起こってもおかしくない状況なのです。しかし、もう少し保守的になって100年に1回ぐらいだとしても、次に起こるのは、それほど遠い未来ではありません。

現在、岐阜県の神岡ではHyper-K（ハイパーカミオカンデ：2020年代の後半に実験開始予定）の建設が進んでいますが、そうしたニュートリノの次世代検出器はどんどん発展していくことが予想されます。天体からのニュートリノは、検出器がよくなればよくなるほど、どんどん新しいターゲットを提供してくれているからです。この種の実験を続けていくモチベーションは失われないでしょう。

そして、約100年以内に、我々の銀河中心で超新星爆発が起こり、おびただしい数のニュートリノを検出する日が、必ずやってくると思います。その場合、すべての混合角とCP位相が高い精度で定まり、ニュートリノ3世代の質量の絶対値まで、ある程度定まることでしょう。

ここからは想像ですが、混合する右巻きニュートリノの存在のヒン

トも得られるようになるのではないでしょうか。それら新しい情報は、統一理論のモデルを選別する上で、極めて有用になると思います。そういう意味で、ニュートリノ物理学はとどまるところを知らない、未来まで続く学問領域ではないでしょうか。

⑤超高エネルギーニュートリノへの予想

南極の氷を利用するIceCUBE Gen2の後継機や、地中海の海水を利用するKM3NeTなどの後継機は、どんどん大型化するでしょう。10^{19}電子ボルト（10EeV、10エクサ電子ボルト）のGZKカットオフ（限界）$^{(*)}$ にともなってつくられるGZKニュートリノはもちろん将来検出できるとして、GZKカットオフを遥かに超える、冪的なスペクトルをもつ超高エネルギーニュートリノが発見されるようになるのではないでしょうか。

それらの超高エネルギーニュートリノは宇宙論的なギガ・パーセク（pc：約3.26光年）の距離、つまり数十億光年から100億光年もの彼方から飛んでくることが期待され、ダークマターや宇宙論的距離の未知の高エネルギー現象の示唆を与えるのではないでしょうか。

（＊）GZKカットオフ（限界）
超高エネルギーの宇宙線は、宇宙背景放射のマイクロ波と衝突すること（相互作用）によってエネルギーを失い、ほとんど地球には届かないという予想のこと。この現象を予想したグライセン（G）、ザツェピン（Z）、クズミン（K）の名前からとられた。

著者紹介

郡 和範（こおり・かずのり）

1970年兵庫県加古川市に生まれる。現在、高エネルギー加速器研究機構（KEK）准教授、総合研究大学院大学と東京大学カブリ数物連携宇宙研究機構を兼任。2000年東京大学大学院理学研究科物理学専攻博士課程修了。2004年米ハーバード大学博士研究員、2006年英ランカスター大学研究助手、2009年東北大学助教、2017年英オックスフォード大学招聘准教授などを経て現職に至る。この間、京都大学、東京大学、大阪大学の博士研究員に従事。主な研究内容は宇宙論・宇宙物理学の理論研究（キーワード：ビッグバン元素合成、ダークマター、初期宇宙のインフレーション、ブラックホール、重力波、宇宙初期の量子ゆらぎ、宇宙マイクロ波背景放射、21cm線放射、ニュートリノ、ガンマ線/X線、宇宙線、ダークエネルギー、バリオン数生成、など）。著書に『宇宙はどのような時空でできているのか』（ベレ出版）などがある。

- ブックデザイン・DTP　　　三枝 未央
- 編集協力　　　　　　　　　編集工房シラクサ（畑中 隆）

「ニュートリノと重力波」のことが一冊でまるごとわかる

2021年2月25日　　初版発行

著者	**郡 和範**
発行者	内田 真介
発行・発売	ベレ出版
	〒162-0832　東京都新宿区岩戸町12 レベッカビル
	TEL.03-5225-4790 FAX.03-5225-4795
	ホームページ　https://www.beret.co.jp/
印刷	モリモト印刷株式会社
製本	根本製本株式会社

ISBN 978-4-86064-649-3 C0042　　　　　　　　編集担当　坂東一郎